的
思注逻辑

从内耗
到自洽

李涵 编著

北方妇女儿童出版社

·长春·

图书在版编目（CIP）数据

从内耗到自洽 / 李涵编著. -- 长春 : 北方妇女儿

童出版社, 2024. 6. -- ISBN 978-7-5585-8664-4

Ⅰ. B84-49

中国国家版本馆CIP数据核字第2024472BY6号

从内耗到自洽
CONG NEIHAO DAO ZIQIA

出 版 人	师晓晖	
特约编辑	刘慧滢	
责任编辑	耿　皓	
装帧设计	韩海静	
开　　本	710mm×1000mm　1/16	
印　　张	13	
字　　数	134千字	
版　　次	2024年6月第1版	
印　　次	2024年6月第1次印刷	
印　　刷	三河市燕春印务有限公司	
出　　版	北方妇女儿童出版社	
发　　行	北方妇女儿童出版社	
地　　址	长春市福祉大路5788号	
电　　话	总编办：0431-81629600	

定　　价　59.00元

序言

活着当然是值得的，若有比活着更值得的事，那也就只有快乐地活着了。

对女性来说，可以找到让自己快乐起来的一万个理由。

温热的花生酱三明治，荷叶边碎花长裙，掐了金丝的芬达石手链，装饰了三色堇的蝶豆花气泡水，哪怕只是在路边看到一只警觉的小猫，那也足够让你再快乐5分钟了。

可是，这个世界上还是有很多女性不快乐。对爱的不确定，对人生的迷茫，对过去的眷恋，对伤痛的逃避，对选择的遗憾……

诗人罗伯特·布莱将阴影形容成"每个人背上负着的隐形包裹"。随着时间的推移，随着年岁的渐长，人们会将越来越多的东西塞进这个隐形包裹里。从表面上看，你越来越成功，越来越优秀，可你身上背负的隐形包裹也变得越来越大，这就是让你不快乐的原因。

但是，这个世界美好的东西太多，多到足够让你再次爱上这个世界。你要做的事情无他，唯有一点点自洽而已。

小时候，你认识的世界只有"好人"和"坏人"两种。为了做好人，你会努力表现自己好的特质，努力压抑自己坏的特质。可是，无论是好还是坏，这都是组成你这个人的重要部分。接纳自己的不完美，才能拥有一个完整的自己；拥有一个完整的自己，才能更加自洽地过生活。

余华老师曾说："总觉得忍一忍就会好起来，真笨，人家不就是觉得你会忍一忍，所以才会这样对你吗？当我们凶狠地对待这个世界的时候，才会发现，这个世界突然变得温文尔雅了，所以大胆地发泄吧！发泄虽然解决不了问题，但至少能够让我们快乐一点。"

是啊，生活中总会有一些压力和坏情绪。所以，女性一定要懂得自洽，与其强迫自己成为一个完美的人，不如勇敢地接纳自己，做一个快乐而完整的人。

为了让更多的女性能在自洽中获得幸福，本书应运而生。克里希那穆提曾说："我们的能量很大，只是内耗在冲突、恐惧和庸庸碌碌的喋喋不休中。"本书从爱情、家庭、社交、职场、理财等容易让女性朋友们产生焦虑的方面入手，为读者呈现一个稳态的人生。

在爱情篇目里，女性朋友将学习如何从心理层面上获得自洽的能力。在家庭篇目中，女性朋友则可以获取一些放过自己的方法。在社交篇目中，女性朋友将了解如何让自己更舒适地与人相处。在职场篇目中，女性朋友能够知道如何坦然地应对职场，并提供切实可行的方案。在理财篇中，将浅谈适合女性投资理财的各种方式，以便让读者朋友能够更惬意悠然地拥抱快意人生。

亲爱的，愿我们都能在书中获得自洽与自愈的力量，保持天真，保持喜爱，迎接一个更好的自己，也拥抱这个璀璨的世界。

目录

第一章　你不需要勉强自己成为任何人

和自己内心的小孩儿聊聊天 / 02

你需要的，只是一点点被讨厌的勇气 / 05

"为了你好"，只是为了让他自己心情好 / 09

我们正在过一种越来越不容易被感动的生活 / 13

取悦，其实是一场高成本的内耗 / 17

降低对别人的期待，找回自己的勇气 / 21

成为更好的你，迎接远道而来的自己 / 24

第二章　在"标签"之外，活得潇洒自在

勇敢地追求快乐 / 30

找到思维边界，才能解锁更多可能 / 34

听了很多道理，依然没有学会拒绝的你 / 38

试着放慢脚步，会发现很多细小的美好 / 42

生活需要的是快乐，而不是对完美的不停追逐 / 45

愿你成为自己的太阳，无须凭借谁的光芒 / 49

第三章　先一个人活色生香，再两个人相得益彰

好的爱情，是接纳对方原本的样子 / 54

假如恋爱采取扣分制 / 57

在以防万一的爱情里，真的有你要的安全感吗 / 61

可以爱得忘我，却不能失去自我 / 66

与其苦苦挽留，不如漂亮地转身离开 / 70

所有大张旗鼓的离开都是试探 / 74

第四章　我不是生来乐观，我只是选择乐观

控制欲越强，对方越迷茫 / 80

弥补不完美的有效方法 / 84

成长的宿命，就是超越你的原生家庭 / 88

你的梦想这么大，怎能不受点儿苦 / 92

婚姻哪有完美，不要无休止地要求他 / 96

婆媳之间，更需掌握好那点儿分寸感 / 100

第五章　找到和你同频共振的那些人

只有在人群里，才能认识自己 / 106

能翻脸，是一段关系的底线 / 110

伤人的不是你的拒绝，而是你多余的解释 / 114

建议你来提，决定我来做 / 118

别羡慕，她的光芒并不适合你 / 122

为什么有人喜欢在朋友圈刷屏 / 126

第六章　职场女性，学会给自己一点儿松弛感

成年人的高级自律是断舍离 / 132

你需要学会表达愤怒，但不需要愤怒地表达 / 136

一生不喜与人争，但该属于你的也别让 / 140

你不是工具箱，无法解决所有问题 / 144

不拆台，不嘲讽，做个有格局的人 / 147

把握合适的相处距离，不要过度热情 / 152

第七章　你不理财，财不理你

警惕本能的冲动消费 / 158

"她经济"时代，你需要懂一点儿投资 / 161

小心还款额的甜蜜陷阱 / 166

提前想一想，你的后半辈子要靠谁 / 170

被遗忘在角落里的宝藏 / 174

第八章　快乐的幸福力与满足的仪式感

每一个不快乐的日子，都是对生命的辜负 / 180

奖励自己！就是现在 / 184

为每一个自己重视的瞬间，选择一个独特的仪式 / 188

真正有品质的生活，并不需要多花钱 / 192

心有欢喜，方能万事可期 / 196

第一章

你不需要勉强自己
成为任何人

和自己内心的小孩儿聊聊天

几千年前,一位名叫苏格拉底的大哲学家留下了一句话给世人:"认识你自己。"这句话虽然简单,但认识自己却没有那么容易。

> 一个人若能对每一件事都感到兴趣,能用眼睛看到人生旅途上、时间与机会不断给予他的东西,并对自己能够胜任的事情决不错过,那么在他短暂的生命里,将能够撷取多少的奇遇啊!
>
> ——劳伦斯·彼得

人们总是期望生活能够一帆风顺,但现实却常常背道而驰。

突如其来的变故让你猝不及防,莫名其妙的恶意让你十分受伤,无法改变的现实让你痛苦不已……

作家辛迪·芬奇曾说:"我会允许一切自然发生,并将之视为生命的风景。"

虽然一朵花的凋零无法荒芜整个春天,可当你疲于奔波时,又该如何认识自己内心深处那个最真实、最脆弱、最渴望被爱的小孩儿呢?

是的,每个女性朋友的内心都住着一个小孩儿。

这个内心的小孩儿是缩小版的你,是你的过去,是你的未来,是你最原始的潜能,是你所有想象力和创造力的源泉。

跟内心的小孩儿聊天时,你会重访过往,再次遇见过去那个小小的自己。

你会忽然明白，无论自己多么乐观，都有可能在面对挫折时崩溃哭泣，无论自己多么坚强，都有可能在或喜或悲时泪流满面。

弗吉尼亚·萨提尔曾说："问题不在于你是谁，或者你从哪里来，而在于你想成为什么样的人，以及你如何迈向这个目标。"诚如萨提尔所言，人生难免起落浮沉，生活本来就是不容易的。也唯有认识自己，拥抱自己，才能重整心情再出发。

在29岁生日这天，格琳终于学会了跟自己和解。

或许，是从小接受的教育让她习惯委屈自己，事事以他人为先；或许，是周遭对女强人、女汉子的追捧，让她在不知不觉间也变成了这样的女孩儿。

总之，格琳觉得前29年自己过得太压抑了，而且，让她更压抑的是，自己足足过了29年才意识到这一点。

是什么让她觉醒的呢？格琳靠在沙发上，思绪飘到了远方。最后，她终于将出现这种局面的原因，归结到自己对"懂事"二字的执念上。

因为懂事，她讨好地将自己喜欢的文科换成了父母喜欢的理科；因为懂事，她讨好地把蛋糕上唯一一颗草莓让给了表妹；因为懂事，她讨好地拒绝了男友深夜来车站接自己的好意。所以，她变成了一个不擅长理科，不喜欢草莓，却男友力爆棚的格琳。

好在，现在爱自己还不晚。29岁的格琳心想。

她独自点燃了蜡烛，吃掉了蛋糕上的所有草莓。

从心理学角度看，通过与内心的小孩儿建立深层的链接，实际上也是为自己构建一个内在的支持系统。当你在未来遇到挑战和困难时，这个内在的支持系统会让你懂得如何爱自己，这种内在的力量也将给予你安慰和鼓励。

爱自己有五个层面，但遗憾的是，大多数女性都如格琳一般，将所谓的"爱自己"停留在第一个层面与第二个层面。

爱自己的第一个层面，就是要照顾自己的身体，吃饱、穿暖、拥有一个良好的睡眠。

爱自己的第二个层面，则是汲取知识、打扮自己，让自己接受文化和艺术的熏陶，成为一个热爱生活、崇尚美好的人。

爱自己的第三个层面，是懂得接受自己的出身、容貌和境遇，并且懂得与自己和解。

爱自己的第四个层面，是懂得接纳自己的情绪，能够正确对待自己的情绪，不压抑、不抗拒、不批判，让情绪能够自然而然地流露和爆发。

爱自己的第五个层面，是学会沉思与反思，能够直面挫折与挑战，接受那些让自己痛苦的事情。

心理学上有一个词，名叫"区隔化"，意思就是让你在为人处世时，能够选择性地"保持冷漠"。人们总在强调应该如何正确科学地去爱别人，但却忽略了爱与被爱都是需要修炼的能力。当你能够接纳全部的本我时，就会发现人生路漫漫，令人遗憾的事情实在太多。不过，你终将在这条路上寻找到真正的自己。

请记得给自己一个大大的拥抱："谢谢你，亲爱的小孩儿，谢谢你一直陪在我身边。"

自治心理学

内在小孩儿

内在小孩儿，是指一个人心理发展过程中形成的、保留着儿童时期特质和经历的内在部分。每个人的内心深处都有一个"小孩儿"，它影响着我们的情感反应和行为模式。这个"内在小孩儿"可能因为童年时期的创伤或忽视而受到伤害，导致成年后出现情绪问题和不成熟的行为。

突破"内在小孩儿"的关键在于自我认知和治愈，主要可分为两个步骤：第一，通过心理咨询或自我反思，认识并接受自己内心深处的"小孩儿"。第二，通过情感疗愈、重新体验和重塑童年经历的方式，帮助"内在小孩儿"成长，从而改善成年后的情感和行为问题。这个过程需要耐心和时间，能够帮助我们解决根源性的心理问题，实现更健康的心理状态。

你需要的，只是一点点被讨厌的勇气

村上春树说："不管世界上的所有人怎么看，你都不应该为此打乱自己的节奏。"可是，要想不受他人影响，的确不是一件容

> 且视他人之疑目如盏盏
> 鬼火，大胆地去走你的夜路。
>
> ——史铁生

易的事。

如果没有一颗强大的内心，就很难在纷扰的世界中独自美丽。毕竟，这个世界不会因为你是女性就格外优待你。

为了不被大家讨厌，大部分女性戴上了各种各样的面具——温柔、乖巧、幽默、贤惠、知性……如果这些女性本身就乐得如此，那自然是无可厚非，但事实却是很多女性对自己的面具深恶痛绝。

比如，有些"i人"（指性格内敛的人）为了树立幽默人设，每天逼着自己当"e人"（指性格外向的人），经常让自己陷入尴尬无比的境地，可为了诸如"好人缘""好性格"这样的名声，她们还是戴上了面具，生怕真实的自己暴露在大家面前，然后被大家忽视甚至讨厌。

这种情况很常见，这种心理也很容易理解。你虽然是自己世界中的主角，但在别人的广阔天地里，你不过是对方千丝万缕中微不足道的"某个女孩儿"。为了取悦他们而让自己不开心，真的值得吗？

或许有的人会说，"我没有你那么强的自信，我不想让别人讨厌我。"

可是，被某些人讨厌真的有那么可怕吗？

小E是一位内向的女生，初中时，她无意间听见同学说因为自己太高冷，所以她们不愿意跟自己玩儿。从那以后，小E就开始努力迎合别人，生怕自己被孤立。

为了塑造外向人设，上了高中之后，小E就开始强迫自己大口吃饭，主动跟人热情地打招呼，并经常夸张地大笑。三年高中生活，小E虽然没交到什么好朋友，但至少她并没有被孤立。"成功"的经验让小E把幽默面具镶嵌在自己的脸上，一直到了职场。

一次去茶水间接水，小E恰好听到两个同事在议论自己。其中一个女生用轻蔑的口气说道："那个小E太热情了，我跟她刚认识，根本不熟，她却一上来就挽我的胳膊，真是太尴尬了。"另一个同事也说道："可不是，这种人都很虚伪，还是不要跟她深交比较好。"

小E陷入了自我怀疑：内向被讨厌，外向也被讨厌，我到底该怎么做呢？

你根本没有办法被所有人喜欢。有人喜欢戴了面具的你，有人却喜欢原本的你。在这个人生阶段，有人讨厌原本的你，但到了另一个人生阶段，原本的你却大受欢迎。

小E戴上了面具，强行闯入了一个不属于自己的圈子，把自己折磨得遍体鳞伤，最后却被跟自己同频的人讨厌。与其这样，不如给自己一点点被讨厌的勇气，这样至少能保持本心，让自己过得更舒适自洽一些。那么，我们要如何学会自洽，如何增加被讨厌的勇气呢？

第一，要对自己有一个清晰的认知。比如，当知道自己"看上去是个很温柔的人，但也有强势的一面"，或者知道自己"虽然看上去很强势，但内心也会脆弱"的时候，那么，被别人评价"过于软弱"或"过于强势"时，我们就不会太在意了。因为我们知道，对方做出这样的评价，只是因为他们不够了解我们，既然对方根本不了解我们，我们又何必为了讨好他们而委屈自己呢？

第二，确定自己的能力和处世态度。12 岁之前，人们通常会高估自己的能力与价值，认为自己才是世界的中心。到了 15 岁左右，人们会产生各种各样的自我怀疑。直到 18 岁之后，人们才会逐渐对自己形成一个清晰的认知。当对自己的能力有一个正确的认知后，我们就可以确定自己接下来有能力做什么事，以及无法做成什么事，这种客观的认知会让我们在人生道路上走得更从容。而明确处世态度，则能帮我们将身边的人做一个划分，将那些与自己同频的人划到同一个圈子里，从而减少被讨厌的不适感。

其实，这个世界就是这样的，既没有永恒的高光，也没有走不出的低谷。当与周遭格格不入时，不妨从上述两点进行思考，如果确定自己不是问题产生的源头，那就大可不必迎合周围的人。

山路有尽，江河有岸，当你觉得回味苦涩时，请给自己一点儿被讨厌的勇气。毕竟人间繁华万千，你翻山越岭，当为了自己而来。

自洽心理学

黑羊效应

黑羊，即群体（白羊）中不受待见、不被尊重的成员。从心理学上看，让一群人围攻一个好人，但周围人却坐视不理的奇怪现象就被称作"黑羊效应"。

突破"黑羊效应"，可以从以下三方面着手。第一，拓宽自己的人际交往圈。第二，强调表现自己与白羊的共性。第三，换一个能让自己感到舒适的环境。

"为了你好"，只是为了让他自己心情好

《狂热分子》中有这样一句话："当一个人自己那堆烂摊子处理不好的时候，就更热衷于去插手别人的私事。"

你不妨想一想，身边那些喜欢把"为了你好"挂在嘴边的人，他们真的关心你想要的是什么吗？未必。他们不过是打着关心你的旗号，去打发自己无聊的生活而已。

那些"为了你好"的人，未必能将自己的生活过好，但却热衷于做他人生活的编剧。对这样的人，请一定要敬而远之，不要给对方操控你人生的机会。毕竟人生苦短，自己过得舒服最重要。

然而，不幸的是有些人的父母就是如此。他们习惯将孩子看成自己的附属品，习惯把孩子的人生看成自己人生的延续。对于这类父母，即便你无法逃离，也要懂得独立思考、独立决策的重要性，否则，就容易在父母的"为了你好"中依然过不好这一生。

东野圭吾说："这世界上有两样东西不可直视，一个是太阳，另外一个就是人心。"邻居的"热心"容易躲，但亲戚朋友的"用心"却难防。

在亲密关系的影响下，你会在不知不觉间受到对方

> 人人之中有他人，但每个人都护存自己的个性。
>
> ——斯·阿马里

意见和期望的影响。等你发现自己落入"为了你好"的甜蜜陷阱时，却已经深陷泥潭了。

逸可的身高虽然只有 1.59 米，但她长相可爱，一双忽闪忽闪的大眼睛，让人看不出她的实际年龄。大家都夸赞逸可漂亮，只有她的好朋友丹旎不以为然。

"别搞笑了，她哪里漂亮？"丹旎当着逸可的面说道，"我这颀长的身材才是真的高级感身材，逸可也就是个'小土豆'罢了。"说完，丹旎不以为然地看了逸可一眼："你别介意呀，我就是个直脾气。不管啥事儿，我都是当着你面儿说，这比背后说你坏话的人强多了。"

逸可心里觉得不太舒服，但仔细想了想，丹旎似乎也没说错。而且，她跟丹旎是好多年的朋友了，平心而论，丹旎并没有做过什么出格的事，只是有点"毒舌"罢了。

没过几天，逸可和丹旎一起去逛街。来到一家专卖店，店员热情地拿出一件新款鹅黄色衬衫让逸可试穿，逸可一眼就看上了这件衣服。穿上后，逸可打量着穿衣镜里的自己，感觉良好。

店员和店里的顾客都称赞这件衣服与逸可很搭，但丹旎却一把将逸可拉到一边："你不会真打算买这件衣服吧？拜托，她们说说你就信了？你穿上这件衣服，更显得像一个'小土豆'了，赶紧放回去吧！"

法国思想家爱尔维修曾说过一句话："有多少伤害都是打着'为了你好'的名义。"因为这句话极具蛊惑性，尤其是若它出自你亲朋好友的口中，则更像披上了一层合理化的外衣，让你一时间不知所措。好像你不按照他们所说的去做，就是有罪过一般。

生活中，像丹旎这种人并不少见，她人并不是有多坏，只是见不得朋友过得比自己好。丹旎表面心直口快，但内心却只想让逸可不痛快。如此友情，逸可若不早日离开，只能将大好人生浪费在揣测丹旎的心思上，实在是得不偿失。

所谓的"为了你好"就是一道伪命题，那些说着"为了你好"的人，实际上爱的并不是你，而是他们自己。或许，他们偶尔会真心为了你提供一些建议，但大部分时候，紧跟在"为了你好"后面的，都只是为了让他们的心情好。

在这个纷繁复杂的世界上，我们每个人都像一艘小船，总是不经意间在他人的期望和社会的风浪中摇摆。可是，真正的力量来源于内心的自洽，而不是外界的认可。每个人的内心都有一枚指南针，用来指向自己真正的激情和目的。当外界的声音试图重新设定这枚指南针时，你需要勇敢地说："我选择追随我的内心。"

当然，倾听内心的声音并不总是容易的，因为比起外界的喧嚣它会显得格外微弱。那么，你要如何做才能无惧纷扰，遵从内心的快乐呢？

第一，当你觉得不舒服时，别怀疑，你没有矫情，她就是冒犯了你。

很多女性被"为了你好"困扰时，都会条件反射式地感觉不舒服，感觉自己被冒犯了。但碍于对方跟自己的亲密关系，她们常常会觉得是自己小题大做，是自己矫情了。可是，姑娘们，当你感到不舒服时，一定不要怀疑自己，因为她们确实冒犯了你。不管对方是有心的也好，无意的也罢，如果你不能做到云淡风轻，那就一定要告诉对方："别这么说，我会难过。"此时，如果对方仍然对你使用贬低式的话语，那么，你趁早离对方远一点儿，后半生还会比较好过。

第二，不要掉入自证陷阱。

丹旎对逸可说，她穿鹅黄色衬衣不好看。此时，逸可要做的不是向丹旎证明自己穿鹅黄色衬衣好看，而是要让丹旎证明她为什么说自己穿鹅黄色衬衣不好看。如果再进一步，那就是根本不要管丹旎说什么——"我就是喜欢这件衣服，麻烦打包。"

马哈特玛·甘地曾说："所谓幸福，就你的思想、言语和行动和谐一致所达到的状态。"为了达到这种和谐，你必须忠于自己的内心，而不是盲目追求他人的期望。

亲爱的女孩儿，愿你既有自我探索的勇气，又有保护自己的决心。当你真正脱离令你压抑的圈子和关系时，你才会发现人间果然值得，岁月果然静好。

自洽心理学

情感勒索

情感勒索是一种心理操纵技巧，操纵者利用情感关系，通过制造内疚、恐惧或羞愧等负面情绪，迫使他人遵从自己的意愿。这种行为通常隐藏在"爱"的名义下，使受害者难以辨认并抵抗。情感勒索者可能是亲密伴侣、家庭成员或朋友，他们利用亲密关系的力量，对受害者施加心理压力，从而达到自己的目的。

要突破情感勒索，就要认识并明确这种操纵行为，一旦识别，就可以采取措施进行应对。第一，设立和维护个人界限，明确自己的需要和权利。第二，学习情感自我管理，避免因内疚或羞愧而屈服于操纵。第三，寻求外部支持，比如心理咨询，以加强自身的应对能力。这些措施有助于保护自己，避免陷入以"爱"为名的情感勒索。

我们正在过一种越来越不容易被感动的生活

一位哲学家说过："美是生活，而生活就应该是有色彩的。"

在这个世界上，总有人在用心感受那些容易被忽略的美好，也总有人在寻找那些能让自己被深深感动的瞬间。可是，在这个快节奏、高效率的时代，更多的人却正在过着一种越来越不容易被感动的生活。

信息的海量涌入，让你

> 只要你有一种合理的事去做，你的生活就会显得特别美好。
>
> ——爱因斯坦

习惯于快速浏览而非深度阅读；社交媒体的即时更新，让你追求瞬间的刺激却忽略了持久的情感连接。你被包裹在一个个泡泡里，看似连接着整个世界，实则却在虚拟中渐行渐远。

在"快餐式"的文化中，人人都喜欢追求即时满足和快速消费。这种生活方式不仅体现在人们对物质的消费上，也渗透到了人们对情感的处理方式中。

你可能因为一条社交媒体上的趣味视频开怀大笑，可能因为一个网络"热梗"而频频转发，但这些瞬间的快乐往往会快速消散，很难给你留下深刻的印象。过了很久，你才会突然陷入沉思："我有多久没有欣赏生活中那些平凡的美好了？"

早晨的一缕阳光，在地板中倔强盛放的一朵花，城市霓虹上空微弱的星光……我们上一次感动得热泪盈眶，究竟是什么时候？

桃子是个重度"刷机"爱好者。

这里的"刷机"并不是说那种需要很高技术水平的手机改造工程，而是单纯字面意思的"刷手机"。没错，桃子就是那个一天 24 小时只要睁开眼就要刷手机的人。

每当有人劝她少刷一会儿手机，她都有许多理由：客户需要随时联系，不用手机怎么行？短视频里装着整个世界，不刷怎么可以？热门综艺是下饭菜，不看肯定不行……

就是这些离谱的理由在支配着桃子一刻不停地刷着手机。在手机创造出来的虚拟世界中，她不需要应对找茬儿的领导，不需要理会麻烦的同事，不需要搭理唠叨的老妈，也不需要在意无趣的男友……虚拟世界为她屏蔽了一切烦恼，但事实真的是这样吗？

虽然嘴上不说，但桃子心里很清楚，每次刷完手机她都会感到无聊、空虚。桃子已经记不起上一次被感动得热泪盈眶是什么时候了，原本那个美好的虚拟世界，现如今也已经变得和现实生活一样无聊。

自己想要的究竟是什么呢？桃子陷入了沉思。

在这个充满喧嚣和繁忙的世界中，你可能已经习惯了寻求短暂的快乐与满足，但这种短暂的快乐，却容易让你忘记那种由内而外的感动。然而，构成生活真谛的，恰恰是那些简单而深刻的情感体验。

培养情感体验，就意味着要对生活进行深度的投入。简言之，这就意味着你要有意识地减少对即时满足的追求，转而投入那些能够带来深度满足和持久幸福的事物中去。

即时满足是心理学上的概念，它源于一场有名的心理学实验——糖果效应。

当时，心理学家让工作人员找到了一些孩子，并发给他们一些棉花糖。工作人员告诉孩子们，只要忍住不吃这些糖，稍后他们就能获得更多的棉花糖。其中，有一部分孩子抵挡不住棉花糖的诱惑，开始大快朵颐起来。但也有一些孩子忍住了想吃棉花糖的欲望，等到实验结束后，忍住欲望的孩子果然获得了更多棉花糖。

那些选择立刻吃掉棉花糖的孩子，实现的就是即时满足，而那些忍住欲望的孩子，实现的则是延时满足。

相比延时满足，即时满足更顺应人类的本能，在短暂的快乐过后，他们的棉花糖吃完了，只能去寻求其他玩具。而那些忍住欲望的孩子，获得了更多的棉花糖作为奖赏，这是他们靠自己的意志力获得的奖品，足够让他们感动，并在接下来的生活中继续为之坚持。

所以，当你在刷短视频之余感到空虚时，不妨定期进行数字排毒，比如每周安排一天远离所有电子设备，让自己从数字世界中解脱出来，这样可以重新连接真实的世界和周围的人，或许也会收获久违的感动。

马塞尔·普鲁斯特曾说："真正的发现之旅不只是为了寻找新的风景，也为了拥有新的眼睛。"生活中的感动往往隐藏在最不起眼的细节中，正等待着你用心去发现。

当你放下手机，关上电脑，用新的视角去看待生活，用心感受周围世界的时候，相信你就会发现感动原来就藏在那一缕拂面的微风中。

微风轻轻，阳光浅浅，风中是淡淡的花香，一切是那么恰到好处，让人的思绪也袅袅飘回到很多年前那段令人难忘的时光中。

自洽心理学

右脑幸福定律

右脑幸福定律强调了右脑在创造幸福感中的重要作用，这一理论认为，右脑主要负责直觉、创造力、艺术感知和情感处理，与幸福感的体验密切相关。相比之下，左脑更多地涉及逻辑思维、语言处理和分析。过度依赖左脑的逻辑和分析功能可能导致压力增加和幸福感降低，而活跃的右脑使用有助于提高幸福感。

利用右脑幸福定律，可以采用以下三种方法。第一，从事艺术和创造性活动，来刺激右脑的运作。第二，定期进行冥想、散步或其他放松身心的活动，促进右脑的参与和平衡。第三，培养和维持兴趣爱好，特别是那些涉及直觉和感性思考的活动，提高右脑的活跃度。

取悦，其实是一场高成本的内耗

奥斯卡·王尔德说："爱自己是终生浪漫的开始。"

可古往今来，懂得爱别人的女性比比皆是，她们在取悦别人时所付出的代价，却是消耗自己的时间、精力和情感价值。

在人际交往中，试图取悦他人是一种非常常见的行为。不少女性觉得，通过取悦他人可以获得认可、接纳、包容，甚至亲情、友情和爱情。然而，长期的取悦行为往往会转化成高成本的内耗，

不要无事讨烦恼，不作无谓的希求，不作无端的伤感，而是要奋勉自强，保持自己的个性。

——德莱塞

不断消耗着你的精力、时间，甚至是自我价值感。

客观来看，取悦他人的成本远比你想象得要高。因为取悦他人所引发的内耗并非一次性的，而是一个恶性循环。当你的取悦行为令对方愉悦，你也因此获得了短暂的认可和满足后，就会很快发现这种满足感是短暂且空虚的，你必须再次尝试取悦对方，以此获取更多的认可，而这也将进一步加剧你的内耗。

许愿一直很害怕孤独，为了不让自己成为"孤家寡人"，她开始疯狂恶补"修炼高情商""说话之道"和"人际交往宝典"。久而久之，许愿如愿结交了一众朋友，但她的生活质量也因此大打折扣。

小A问许愿借几万块买车，许愿害怕拒绝小A会让对方难堪，于是咬牙把钱借给了小A。

小B为了让孩子顺利入学，请许愿求她的远房亲戚帮忙运作，为了不让小B失望，许愿硬着头皮联系了那位远房亲戚，好在对方最后同意了。

小C邀请许愿一起玩剧本杀，可许愿只想在家补觉。但是，许愿隐晦的拒绝却被小C误会成了不好意思，于是小C大力邀请，让许愿实在招架不住，只能强装开心地赴会。

还有小D、小E、小甲、小乙……

许愿觉得取悦别人好累，但这已经成了她的盔甲和面具，每当别人对她有所期待，或向她提出什么要求时，许愿都会条件反射地答应。在日常聊天时，她也会小心翼翼地遣词造句，生怕自己哪句话引起歧义，影响彼此的友谊。

许愿的男友不忍看她活得这么累，于是在许愿又一次纠结的时候帮了她。彼时，小 F 约许愿逛街，许愿不想去，于是在手机里翻来覆去地研究措辞，一句话删了打，打了又删。最后，男友实在看不下去了，直接让许愿回复了一条"今天有点儿事，就不去了"。让许愿没想到的是，小 F 竟然给自己发了一个赞赏的表情包："许愿，你终于痛快一回，值得表扬。"

安德列耶夫曾说："一个人最大的胜利就是战胜自己。"事实的确如此，当你不断在外界寻求认同和满足时，倒不如转向内心，战胜那个总想取悦他人、忽略自我需求的自己。这场胜利，或许不会伴随外界的热烈喝彩，但却能为你带来长久快乐与满足。

许愿发现，当自己开始放弃取悦他人时，身边的朋友不但没有逃走，反而与她的关系变得更加真实和健康。

只要你愿意迈出一步，那么接下来的一切都会水到渠成。

很多人会担心，自己无法拥有摆脱取悦他人习惯的勇气。可是，要放弃取悦他人的习惯其实并不难，你只需建立自我价值感，并逐步实践自爱这件小事即可。

建立健康的自我价值感是摆脱取悦他人内耗的关键，要完成这一点，就需要你不断深入地探索自己的内心，了解自己的需求、兴趣和目标，并且勇敢地表达真实的自我。同时，你要学会给你的人际关系设置一个合理的界限，你需要明白，你无法控制他人的感受和反应，但却能过上自己最渴望的生活。

在建立健康的自我价值感后，你就可以开始实践自爱了。实践自爱，就是让你懂得在日常生活中优先考虑自己的感受和需求，对自己的成就和努力给予肯定和奖赏。通过自爱，你可以建立内在的力量和安全感，当你拥有内在的力量后，也就不再需要通过取悦他人来寻求外在的认可了。

取悦他人看似是一种获得爱和认可的途径，实则是一场心力的内耗。真正的幸福和满足源于对自我的认识、接纳和爱护。

当你学会建立健康的自我价值感，勇敢地表达真实的自我，实践自爱的时候，你就会发现生活中真正值得追求的东西无他，唯有一点自洽而已。

自洽心理学

讨好型人格

讨好型人格指的是那些过度寻求他人批准和接受的个体。这种人格的主要特点是过分关注他人的看法和需求，而忽视自己的感受和需要。讨好型人格的人通常会在社交互动中过度迎合他人，努力使他人满意，以避免冲突和获得认可。

突破讨好型人格，可以采用以下三种方法。第一，理解自己的价值并勇敢地表达个人的观点和需求。第二，明确自己的界限，并在必要时坚持这些界限。第三，通过正面心理干预和自我反思，增强个人的自信心和自我价值感，减少对他人认可的过度依赖。

降低对别人的期待，找回自己的勇气

有人曾说："给予别人无限的爱，而不期待回报，你将会发现，你得到的远比给出的要多。"这句话并不是说，你不应该期待他人的关爱和支持，而是想让你认识到，每个人都有自己的能力范围和生活挑战。

别人，可能无法满足你的期待。

在人际关系中，有些女性往往不自觉地将自己的期待寄托在他人身上。然而，当对方承载了你过高的期待时，你收到的反馈却常常是失望和挫败。

或许，你将"买房子"的期待寄托在了父母身上，将"赚大钱"的期待寄托在了老公身上，将"考重点"的期待寄托在了孩子身上，将"随时能够帮助我"的期待寄托在了朋友身上。你不断激励他们，让他们变得更好，但却唯独忘了，你自己才是那个最应该优秀，最值得变好的人。

米歇尔·德·蒙田说："最伟大的事情，是能够成为自己的主人。"而成为自己的主人，就意味着降低对他人的期待，降低对他人的

> 无论大事还是小事，只要是自己认为办得到的，就坚定地去办，这就是性格。
>
> ——歌德

期待，就等于加强对自己的依赖。当你不再用期望的眼神看待他人，而是以一颗平等和开放的心接受他们，并与其交往时，你的人际关系也将变得更加坚固和真诚。

当菟丝花有什么不好？只有有魅力的女人，才有当菟丝花的资格呢！

苏安躺在床上，愤愤地想道。

苏安毕业十年了，但却依旧没有找到工作，当然，她没有找到工作的原因，很大程度上得益于她的父母和宠她的老公。

彼时，苏安刚从同学会回来。曾经的同学话里话外地劝苏安要有自己的事业，可同学的好意，却成了点燃苏安情绪火药桶的直接导火索。

"老公，你可一定要加油啊，咱家换大房子就靠你啦！"苏安半撒娇半认真地说道，"今天她们又在吐槽我，你可一定要给我长脸啊。"

"好好好，你就放心吧。"苏安的老公皱着眉头，有些疲惫地说道。苏安看着老公一脸疲惫的样子，第一反应竟然不是心疼，而是感到了一丝恐慌。

如果老公生病了，或者他得了不治之症，那我该怎么办？

苏安不敢再想下去。她心事重重地给老公倒了一杯茶，破天荒地说道："我决定，明天去找份工作。"

每个人都有自己的局限性和生活重心。在这种背景下，降低对别人的期待，不仅是一种对现实的接纳，也是重新找回自我、勇气和自由的重要步骤。

你要明白这样一个事实——降低对别人的期待，并不意味着削弱你的人际关系质量。相反，它有助于建立更健康、更真实的关系。在这种良好的氛围里，你将迎来更多提升自我的机会。在完善自我时，你会发现更多的可能性，并从自我依赖的力量中收获真实的幸福与平和。

生活是一场挑战，对女性来说尤是如此。苏安对老公充满期待，但最后却发现，将期待加诸老公身上并不是一件明智的事。未来，能让她立于不败之地的只有自己。

降低对别人的期待，对每位女性来说都是一场勇气的回归之旅。降低对别人的期待不是一种逃避，而是一种深刻的自我发现和自我肯定。

可寻回勇气无疑是不易的，它要求我们面对内心的恐惧和不安。然而，正是这份勇气推动着你，让你敢于面对真实的自我，勇敢地活出自己的价值和潜能。

亲爱的，幸福不在于拥有你想要的一切，而在于欣赏你所拥有的东西。当你学会欣赏自己的价值和成就时，就能减少对他人期待的依赖，并最终获得内心的和谐与平静。

希望每位女性都能在自我的世界里活色生香，哪怕形单影只，也能独自美好。

犬獒效应

犬獒效应指的是在激烈的竞争环境中，只有少数强者能够脱颖而出。在高度竞争的环境中，个体为了生存和成功，必须发展出超越常人的能力和特质。这有些类似于自然选择的过程，在社会这个竞技场中，优胜劣汰的法则依然适用。

利用犬獒效应，可以采取以下几种方法。第一，面对困难和竞争时，要有积极的心态和适应性思维。第二，培养坚韧和持久的性格，坚持自己的目标并不断为之努力。第三，从失败中吸取教训，不断自我完善。

成为更好的你，迎接远道而来的自己

"我们无法成为完美的人，但我们可以成为更好的人。"

是的，在生活的旅程中，每个女性都在努力地成为更好的自己，这不仅是一场外在的变革，更是内在深处的觉醒和重生。

为了让自己变得更好，女性们无论是专业技能的提升，还是人

格气质的培养，抑或是持续
学习与实践，都能做到信手
拈来、如数家珍。为了让自
己更加优秀，她们不拿出"逆
水行舟，不进则退"的气势
誓不罢休。

> 做你自己，因为别人
> 都有人做了。
>
> ——奥斯卡·王尔德

可是，亲爱的，你原本就很优秀，而且，你并不需要逼迫自己成为一个成功的女强人，因为原本就不应该在更好的自己和成功的自己之间画等号。

社会往往对女性施加了太多的期待和标准，但真正的成长来自接纳自己的不完美，当你接纳了自己的不完美，并以淡然处世的态度傲然立于世间时，你，就是这个繁花盛世中最美好的自己。

"超越自我，实现自我。"这是鹿鸣最喜欢的一句话。

鹿鸣知道，自己没有聪明的头脑，所以，她只能比别人更勤奋。在她看来，人生就是用来挑战的。

大学时，别人晒旅行照，晒自拍，她晒补习班；上班后，别人晒美食，晒秋天的第一杯奶茶，她晒堆积如山的文件和卷宗；有孩子了，别人晒娃的日常，晒家人日常，她晒盯着娃背诗背书……

都说自己越努力，身边的圈子就越优秀，让鹿鸣纳闷的是，为什么自己已经足够努力了，身边却只剩下了寥寥数人？而自己，也好像很久没有快乐过了。

就在鹿鸣百思不得其解时，一纸诊断书拍到了鹿鸣面前——因为经常熬夜和过于拼命，鹿鸣早就透支了自己的身体健康。这么多年没攒下多少钱，却攒下了一身的病痛。

医生严肃地告诉鹿鸣，如果再不注意身体健康，后果不堪设想。拿着诊断书，坐在公园的长椅上，看着来来往往的行人，鹿鸣沉默了许久。

为了成为更好的自己，她拼命努力，拼命坚持，最后却只换来了一张诊断通知书。过去逼自己的那些时光如在眼前，可这一切，真的值得吗？

鹿鸣第一次陷入迷茫。

变化是生命的常态，正如赫拉克利特所说："唯一不变的，只有变化本身。"

为了"超越自我，实现自我"，为了达到更高的标准也为了突破自我的极限，鹿鸣将人生的全部意义，都放在了拼搏奋斗上。然而，人生是一场漫长而又美好的旅程，却又可能在某个时间戛然而止。好在，鹿鸣最终意识到了要好好爱自己，原因无他，只为了在未来能够迎接那个曾经拼命的自己。

"爱自己是一生浪漫的开始。"

在成为更好的自己的旅途中，接纳自己和内在平静将是陪伴你的好伙伴。

自我接纳是一个重要的起点。成长是一个循序渐进的过程，只有当你停止对自己的严苛批评，才能为真正的成长腾出空间。在追求成长的道路上，要想正确接纳自己，首先要做的就是跳出"对错好坏"的对立圈。如果只凭对错好坏，就无法真正了解一个全面的自己，而不能全面了解自己，自我接纳也就无从谈起。

至于内在平静，则是你人生道路中的不竭动力。当你学会在忙碌和变化中保持一颗平和的心，你的头脑也会变得更加清晰，你的决策会变得更加明智。

成为更好的自己是一场漫长的旅行，这个过程中，自我接纳和内在平静都是你成长道路上的重要里程碑。在这段人生旅途中，童年的天真、少年的稚气、中年的沉稳、暮年的和蔼，这些都可以是好风景。愿你能成为更好的你，然后微笑迎接远道而来的自己。也愿你能走向更广阔的天地，归来仍是笑靥如花的自己。

自洽心理学

约拿情结

约拿情结指的是个体对自身潜能的实现感到恐惧，这种恐惧源于对成功可能带来的改变和责任的担忧。一些人可能因为害怕超越平凡、害怕失去舒适区中的安全感，或担心成功后的社会期望，而避免追求自己真正的潜力和成就。

　　突破约拿情结，可以采取以下三种方法。第一，通过自我接纳和自我肯定来增强内在的安全感，要认识到自我价值并相信自己有能力应对成功带来的挑战。第二，设定逐步可达成的目标，而不是一蹴而就的大目标。第三，尝试正面心理干预，识别和解决导致约拿情结的根源问题。

第二章

在"标签"之外，活得潇洒自在

勇敢地追求快乐

白居易说："乐人之乐，人亦乐其乐。"

巴尔德斯说："快乐，应该成为美德的伴侣。"

罗曼·罗兰说："所谓内心的快乐，是一个人过着健全的、正常的、和谐的生活所感到的快乐。"

当你感到快乐的时候，你的心情会更加放松，思维会更加开阔。在快乐的加持下，仿佛整个世界都在冲你微笑。更美好的事情是当你感到快乐时，也会让周围的人沾染上一丝喜悦，而这种喜悦也会加倍回馈到你自己身上，就像哈伯德说的那样："一个人可以独自忍受悲伤，但快乐则需与人同享。"

当然，快乐并不是什么遥不可及的东西，只要你愿意伸出手，就会发现它其实就隐藏在日常的点点滴滴中——可能是一次与老朋友的聚会，可能是一次家庭旅行，可能是品尝到了一块美味的芝士蛋糕，或者如期完成一个小项目。

> 人生要有意义只有发扬生命，快乐就是发扬生命的最好办法。
>
> ——张闻天

快乐是一次旅程，而不是目的地，每一天都有追求快乐的机会，只要你懂得自己真正渴望的是什么。

曾经很长一段时间，阿七都觉得自己要做独立女性。

她跟男友谈了八年的恋爱，终于走进了婚姻的殿堂。这倒不是男友有什么让她顾虑的地方，只是她觉得，结婚会让人对另一半产生依赖，这种依赖则会让她变得不独立。结婚之后，无论双方老人如何明示、暗示，阿七都不想生育子女。她觉得，生育子女会让她变成一个家庭主妇，那绝对不是独立女性该有的样子。

当然了，阿七在职场也是很拼的。毕竟，在阿七看来，努力成为优秀的人，才是一个独立女性该有的样子。

如此又过了八年。直到有一天，阿七发现，自己身边除了老公以外，竟然连一个朋友都没有了。这是怎么回事呢？她开始反思，自己最开始追求的明明是独立，而不是孤独。

后来，阿七在四十岁时生下了女儿，女儿聪明乖巧，但跟阿七一样倔强。看着跟自己较劲的女儿，阿七突然发现，原来独立并不能让自己快乐。

不，不是独立不能让自己快乐，而是自己曲解了独立女性的含义，而且误以为只有独立的女性才会快乐。

想通这一点后，阿七开始变得温和，变得容易变通，她从一个随时准备战斗的女战士，变成了喜欢寻求快乐的人。当遇到自己喜欢的事情，不管是否合乎"独立女性"的标签，她都会放手去做。她的职业装换成了连衣裙，连看电影逛超市也一定要拉着老公和女儿一起。

阿七惊奇地发现，自己变快乐之后，她的小家庭也多了不少欢声笑语。

原来，快乐也会"传染"呢！

在这个充满挑战与机遇的时代，不少女性都觉得，只有成为独立女性、成功女性，才能自由自在地追求快乐。但是，她们却跟阿七一样忽略了这一点——自己不仅是生活的参与者，更是幸福的创造者。

路易莎·梅·奥尔科特在《小妇人》中，描绘了四个姐妹各自追求快乐和实现自我的故事，为读者展现了女性在不同角色中追求快乐的多样性。而现实也如《小妇人》中女性的快乐一样都是独一无二的，其中的关键，就在于找到属于自己的那份快乐，并且勇敢地追求它。

不过，追求快乐这件事说着容易，做起来却有些难度。比如，有的女性认为学习能让自己快乐，可是，为了避免被贴上"书呆子"的标签，她们反而会表现出对学习没什么兴趣的样子，以免被他人嘲笑。相比于内心的充实与快乐，一些女性反而更看重外界的认可，这便是追求快乐时比较有难度的地方了。

当你也认为追求快乐不是一件容易的事时，不妨想一想诗人拜伦的那句话："无论头上是怎样的天空，我都准备承受任何风暴。"每个人的生活中都会遇到挑战，但正是这些挑战塑造了你的个性，让你学会从中寻找成长的机会，从而让你变得更加坚韧和快乐。

追求快乐原本就是人类的本能，如果你觉得快乐很难实现，那也可以退而求其次，放慢脚步，欣赏生活中的那些小确幸。当你愿意像西蒙娜·德·波伏娃那样"不因为别人的期待而活，而要为自己的幸福而活"的时候，再勇敢地追求快乐也不迟。

人生如白驹过隙，分外短暂。当你内心接受让自己快乐，那就大胆地去追求快乐！

自洽心理学

酝酿效应

酝酿效应指的是在面对需要创造性思考的复杂问题时，经过一段时间的积极尝试而未能解决后，暂时将问题放在一边，转而从事其他活动后，人们往往能在不经意间找到问题的解决方法。在追求快乐的道路上，遇到了困难与挑战，如果一时解决不了，不如先将它们放在一边，等一段时间后再解决，困难和挑战可能就迎刃而解了。

利用酝酿效应，可以从以下三个方面入手。第一，当遇到看似无解的问题时，勇敢地选择暂时放手，让自己的大脑和情感从紧张的思考状态中解脱出来，为潜意识解决问题提供机会。第二，培养广泛的兴趣和爱好，为应对挑战提供多样化的"酝酿"路径。第三，乐观的心态是利用酝酿效应的关键，其本身就是一种快乐的源泉，能够减少焦虑和不安，让你更加自信地面对生活中的不确定性。

找到思维边界，才能解锁更多可能

爱默生曾说："知识能改变命运，就人类思想范畴而言，人是自由的。"

是的，人们经常被日常生活的琐碎和常规思维限制，有时甚至感觉自己被困在了一个无形的牢笼里。女性更有可能陷入这种思维困局，她们很可能无法寻求更好的解决方案，也无法发现新的自我。

那问题出在哪里呢？其实，思维的边界往往来自人们的自我设限。对女性来说，她们可能因为过去的经历，失败的教训，或是单纯因为别人的看法而限制了自己的想法和行动。但你要知道，你的生活是由你的思想塑造的。当女性开始质疑这些限制时，当她们开始勇敢想象"如果……"的可能性时，就等同于为自己打开了一扇新的大门。

想象力比知识更重要。知识是有限的，而想象力概括着世界的一切，推动着进步，是生命进化的源泉。

——阿尔伯特·爱因斯坦

乔安妮·罗琳说道："我们不需要改变世界的'魔法'。我们体内就有这样的力量：想象更好的世界。"女性的思维边界，其实就是她们世界的边界。在女性的世界里，亲人、子女、事业，架子、面子、情分，这些无一不是牵绊，这些牵绊很容易演变成束缚女性的枷锁，变成一种思维的限制。

所以，一定要学会做减法。

从名字看，若男是个很坚强的女孩，但从性格看，若男却在朋友中出了名的温柔。小时候，若男想跟小伙伴们一起学自行车，但妈妈告诉她，女孩不要疯玩，学自行车摔一身泥让人看见了会被嘲笑。若男很听话，于是到30岁都还没学会骑自行车。

结婚之后，朋友们都羡慕若男的老公，能娶到这么一位上得厅堂下得厨房的妻子，最重要的是，若男对老公言听计从，根本不会有不给老公面子的时候。

若男女儿的同学们也都对若男评价很高，因为若男从来没有情绪失控过，也没有打骂过女儿，她永远都是温声细语的，让人感觉如沐春风。

对若男不满意的，只有若男自己。

她想学自行车，她不喜欢穿得体的连衣裙，她喜欢酷酷的蒸汽朋克风，可是，她又不想失去大家对她的喜爱。

"人真是复杂的动物啊。"若男坐在咖啡馆，闭着眼睛想道。

《道德经》第六十六章这样写道："江海所以能为百谷王者，以其善下之，故能为百谷王。是以欲上民，必以言下之；欲先民，必以身后之。"

所谓"言下之"，就是告诉你要在言语上对别人表示出谦虚的态度，不能桀骜不驯、傲慢无礼。可是，这句劝导为人谦和柔顺的话，却有一个重要的前提，那就是符合自己的内心舒适区。你可以柔顺，但不必千依百顺，你可以谦和，但不能委屈自我。否则，就会像若男一样为自己的温婉柔顺情结所困。

人们总会为情结所困，而所谓情结，不过是人们心中赋予了过多意义和解读的东西。比如面子、架子等。很多情结都源于内心放不下的情感或自尊，这些让你放不下的东西，会进一步把你困在些思维定式中。若要跳出这些思维定式，那就一定要有改变的渴望，即便它意味着将自己置于不舒适的境地。

那么，改变需要从哪里开始呢？

第一，改变可以从那些不起眼的小事开始。比如，若男喜欢蒸汽朋克风，那么她可以开始尝试在不影响整体着装风格的同时，为自己选购一些蒸汽朋克风的小配饰。当她的小配饰获得了家人、朋友们的称赞时，若男也会因为欣喜而增强自我认同感。

第二，改变从迈出第一步开始。大部分人患得患失的原因，都是害怕改变之后不但不会更好，反而会变得更糟。可是，每一次改变，都是一种摆脱过去束缚的胜利。很多时候，改变的意义原本就无关结果，而是在于我们究竟能否迈出打破过往限制自我的关键一步。突破思维边界，打破固有习惯，才能探索自我的更多可能，才能让生活变得更加丰富而充实。

所以，亲爱的，请你不要害怕失败，也不要抵触新奇的事物。请记住，每一次的尝试和每一次的思考，都是你走向更广阔世界的一步。

拥抱无限的可能，才能拥抱一个更加精彩的自己。

自治心理学

路径依赖

路径依赖指的是一旦特定的行为模式或决策路径被选择并沿着这一路径发展后，随着时间的推移，改变方向便会变得越来越困难。个体的过去经历和决策对其当前和未来的选择具有显著影响，这会导致他们在面对新情况时可能会沿用旧有的思维和行为模式，即使这些模式不再适应新环境。

突破路径依赖的局限，可以采用以下三种方法。第一，反思和识别自己的行为模式，意识到哪些是由过去的习惯或经验形成的。第二，尝试新的方法和策略，摆脱固有的思维框架。第三，与不同背景和观点的人交流，获取新的视角和灵感，发现新的解决方案和创意。

听了很多道理，依然没有学会拒绝的你

> 人们常常以为拒绝是一种迫不得已的防卫，殊不知它更是一种主动的选择。
>
> ——毕淑敏

社交场上有这样一种说法：你越在意什么，什么就越折磨你。

大多数女性觉得自己"心好累"的原因，都是自己对某些事情有着过高的期待和追求。比如想获得别人的认可，比如担心拒绝对方会失去这段关系，又如已经做到了尽善尽美，但依然有人吹毛求疵、挑三拣四。

在大部分人的印象里，"拒绝"都是不好的、伤感情的、伤和气的行为。所以，面对别人的请求时，不少人都会无奈地回复一句"好吧"。可是，这句"好吧"背后，并不是你的真实想法和情感，只是迫于无奈。如果是这样，当你再回想起这件事的时候，心里就会更加不舒服。

更为严重的是，一次的妥协可能换来别人无数次更过分的"请求"。一些别有用心的人，会利用你不好意思的特点，一次比一次过分地要求你"帮忙"，如果某一次你拒绝了，那么她就会彻底否定你，而你只能哑巴吃黄连——有苦说不出。

当然，有些人已经意识到了这一点，可还是觉得拒绝别人是自己内心过不去的坎儿。不管是本着"助人为快乐之本"的初衷也好，还是"实在不好意思拒绝"也罢，总之，断然拒绝这件事可不是那么简单的。

真的没这么简单吗？不，很多人只是缺少一个说服自己的理由，以及一个迈出关键步子的契机而已。

JoJo 今天又伤感了。

刚才是她第十七次想拒绝前同事的邀约，但话到嘴边，因为怕扫了对方的兴致，拂了对方的面子，最后还是把拒绝的话咽了下去。

JoJo 的前同事性格开朗，经常组织大家一起出去玩儿。平心而论，JoJo 并不讨厌这位同事，但她却很不喜欢那些活动。不管是轰趴也好，剧本杀也罢，参加这些活动让 JoJo 感到非常不舒服。

可是，如果拒绝前同事，前同事会不会跟自己绝交？会不会觉得自己难相处？会不会发现自己其实是一个性格孤僻内向的人？

这些问题的答案 JoJo 不敢确定。于是，她烦躁地揉着自己的头发，一股脑删掉了微信对话框里那些刚刚编辑好的拒绝之辞。

曾经有句话："你永远都叫不醒一个装睡的人。"

这句话用到哪里都很合适，"你永远都叫不醒一个装醉的人""你永远都叫不醒一个装傻的人"。如果你自己不想改变，那谁都无法将你拉出泥沼。但如果你想做出改变，想要让自己勇敢说"不"，那么，你也同样有一万种理由来说服自己。

JoJo 担心前同事会因为自己拒绝活动而选择绝交，跟她有同样想法的人不妨想一想，如果一个人仅仅因为你拒绝了她组织的活动就跟你绝交，那你早晚都会失去她。早一点拒绝，早一点失去，就等于早一点止损。JoJo 在第一次活动前拒绝前同事，跟在第一百次活动时才拒绝前同事的区别，只是让自己多痛苦了九十九次，仅此而已。

JoJo 担心前同事会觉得自己难相处。如果一个人不能接受真实的你，你又凭什么强迫自己接受她喜欢的活动呢？兴趣相投固然值得欣喜，兴趣不同也不必过于介怀，毕竟"君子和而不同，小人才同而不和"。

更何况，如果别人明明看出了你的为难，却还是利用你的善良，将你高贵的品质当成一种便利，那就更有违社交的美学了。

总结来说，在社交场上，那些向你寻求帮助的人主要有三种。

第一种，走投无路，忍着无奈对你张口。

第二种，想占小便宜。

第三种，随口一问，你帮或者不帮都无所谓。

如果是第一种，你可以根据多年情分、我本善良、于心不忍的程度，在能力范围和心理接受范围内适当帮忙；如果是第二种，那么请赶快逃离；如果是第三种，你完全不用担心自己拒绝了对方会失去什么，也不用担心自己的拒绝会让对方心碎，请大胆一点直接说"不"。

有那么容易逃离吗？还真有。

当你实在不知道如何拒绝时，只要记住找借口就好。如果你们不需要面对面交流，"生病了""时间冲突""与人有约""不是本人"等都是推掉的好借口。如果你们是面对面交流，"我已经有安排了，等下我问问能不能推掉""这个时间来不及，等我想一想，稍后答复你"

等拖延之策都不失为好的借口。

或许有人会介意，这样做是否会显得自己没有情义。可是，跟一个想要利用你的人，又有什么情义好讲呢？

自洽心理学

亏欠效应

亏欠效应在心理学中指的是当个体感觉自己欠下了他人的人情或债务时，会产生一种心理压力或责任感，从而推动他们采取行动来偿还这种欠债。这种感觉多源于接受了他人的帮助、礼物或任何形式的好处，会影响个体的决策过程和行为，有时候甚至导致非理性的行动。

应对亏欠效应，可以采用以下三种方法。第一，认识到接受帮助不总是意味着必须回报，减轻心理上的负担和回报的压力。第二，学会用感激的方式代替回报，而不必总是通过行动来回报。第三，设定个人界限，学会在必要时婉拒他人的请求，减少因感到亏欠而导致的不必要的压力和过度承诺。

试着放慢脚步，会发现很多细小的美好

> 人生犹如一本书，愚蠢者草草翻过，聪明人细细阅读。为何如此？因为他们只能读它一次。
>
> ——保罗

朱光潜先生说："现代人的毛病是勤有余劳，心无偶闲。"

现代女性总是很忙，忙着计划目标，忙着实现目标，仿佛只有在无休止的奔忙中，才能发现生命的真谛。在这样的心情下，放慢脚步却成了一件非常简单却又异常困难的事。

人们步履匆匆，走得太快，快到会忽略人生的风景。小时候总憧憬长大，长大之后又憧憬上班，上班之后又憧憬结婚，结婚后又憧憬生子，生子后忙忙碌碌、喜忧参半。转眼间，人生便走到了尽头。

在人生道路上，那些你经历过的事情，那些让你喜悦的事情，那些让你感伤的事情，在加速的步伐中就如同指间的流沙，不知不觉间，就会漏掉许多细小的美好。

有一句话是这样说的："我觉得生命是最重要的，所以在我心里，没有事情是解决不了的。"所以，一定要懂得放慢脚步，享受生活。

庄庄，一个从来没有过"文思如涌"的设计师。

在同行们绞尽脑汁推陈出新时，她总能轻轻松松抛出一个又一个新奇的点，让同事们羡慕，让同行们嫉妒。

庄庄的基础学科知识牢固吗？当然。但她本人也承认，自己的灵感来源跟基础学科知识没关系。

那套获奖的春装，灵感来自洱海和蝴蝶泉；那场备受好评的现代画展，灵感来自失败的烤蛋白霜；那个被反复当作教材使用的橱窗设计，灵感来自登山时无意破坏掉的"松鼠储粮洞"。

当别人向庄庄取经时，庄庄总是不在意地说："走走，到处走走就好了！"可是，没人相信庄庄真的在享受生活。即便庄庄反复解释："脑子里的东西只有这些，就算硬逼着自己再出一个创意，也不见得比上一个好多少。"大家还是觉得，在赶工这件事上，埋头工作时绞尽脑汁要比出去走走更有效。

"好吧，看来不是所有人都愿意放慢脚步，"庄庄有些无奈地说道，"下一站要去哪里呢？"

人生在世，不管是站在山巅与日月星辰对话，还是潜游海底与江河湖海阔谈，不管是跟三五好友白茶清欢无别事，还是在孤独的夜里等待风也等待你，都是我们漫长岁月中细碎的美好。这些美好，让你不断丰富自己的阅历，不断丰满自己的羽翼，可当拥有了翱翔天际的能力之后，却很少有人愿意收起翅膀，用双脚慢慢丈量这片广阔的土地。

20岁时，每个女孩都觉得自己简直处在人生巅峰。

恰同学少年，风华正茂，书生意气，挥斥方遒。即便现在回头看，20岁时的成就其实根本就不算什么。但那时的如梦青春，总会让人心生满足。

30岁时，女性开始被条条羁绊牵住脚步，即便这时已经人生安稳，但女性也不敢懈怠分毫，生怕抓不住这时光匆匆。

电影《志明与春娇》里有一段台词："有些事不用在一晚内都做完，我们又不赶时间。"一个人在很赶时间的时候，总是容易出错。去超市买一瓶饮料，随手拿的也许会很难喝。要去面试，把衬衫扣错了扣子。在陌生的地方赶车，坐错了方向。

生活就是如此，仔细想想，那些牵着你不断奔跑的事情，又有多少是真的来不及呢？

是一分钟后，午休时间结束还来不及吃掉的面包？是刚跑到门口却关起来的车门？还是因为上班堵车迟到，而晚了一分钟打的卡？

这些，真的值得你步履匆匆，将美好抛诸脑后吗？

既然人生只有一次，那不如让时光追着你跑。也许你会觉得奔跑很累，但这奔跑着的时光，不正是你梦寐以求的自由吗？

这个世界很大，在你想奋力奔跑的时候，它永远足够宽广。只是别忘了偶尔放慢脚步，抓住生活中细碎的美好，为自己描绘一个波澜壮阔的梦。

自洽心理学

空船理论

空船理论是指通过放空自我、减少对他人的预期和反应，来达到内心平静的状态。当我们的心灵如同空无一人的船，不被个人的欲望、偏见和预设立场占据时，我们就能更加平静、和谐地面对生活中的各种情况，从而避免不必要的冲突和烦恼。

利用空船理论，可以采用以下方法。第一，放下过度的期望和欲望，更加真切地体验生活的当下。第二，学会接纳和包容，接受生活中的不完美和不确定性。第三，专注于自己的内心体验，而非外在的评价和比较。

生活需要的是快乐，而不是对完美的不停追逐

我坚持我的不完美，它是我生命的真实本质。

——阿纳托尔·弗朗士

当代社会，对女性总有着诸多的"完美期待"。

她们被期待着既要在职场上有所成就，又要时刻保持精致与优雅。随着岁月的

流逝，她们还被期望组建幸福美满的家庭，并扮演好妻子和母亲的角色。

然而，现实中的女性常常面临一种矛盾，因为实际生活并不完全符合这些设定的脚本。现实生活的复杂性和多样性，远超过社会对女性角色的刻板期望。

在影视作品中，对女性角色的刻画往往呈现出两种极端。

一方面，是那些强大无比的女主，她们以标准化的困境和精心设计的台词，演绎着与现实脱节的生活。比如《第二次拥抱》中的女主角金璐，她在职场上势不可当，情感生活中得到极致的宠爱，甚至在面临意外的时刻也能轻松应对。这些女主似乎总是充满能量，生活中没有琐碎和困扰。

另一方面，则是那些沉默而顺从的配角，她们在剧情的边缘衬托着主线的激烈，比如《狂飙》中的"大嫂"陈书婷，尽管她掌握着资源，却依然局限于传统的女性角色。

无论是作为女强人的坚韧，作为母亲的强大，还是作为女性的美丽，她们的形象往往受限于狭窄的框架。影视作品留给女性角色的空间和张力有限，难以真正展现她们在复杂环境中的思考和生存方式。而生活则比剧本更加丰富多彩，真实女性的生活，也会充满更多挑战和困境。

在生活中，你可能经常会陷入一种误区，那就是追求完美。可有些时候，适当放弃对完美的执着，接受生活中的不完美，反而能给你带来更多的快乐和满足。

橙橙决定，要画出一幅让所有人都满意的画。

经过一番辛苦，橙橙终于完成了这幅作品，她开心地来到集市上，将一幅临摹的画作放到了引人注目的位置，并在旁边放了一支笔和一个立牌："如果你觉得这幅画哪里不好，请用这支笔做出标记。"第二天，橙橙满怀希望地来到集市，却发现整幅画面都被涂满了密密麻麻的记号，橙橙倍感挫败，甚至开始怀疑自己根本没有画画的天赋。

朋友看到心灰意冷的橙橙，便劝她换一种方式。朋友将另一幅临摹的画作放到集市上展出，立牌上的说明则变成了："如果你觉得这幅画哪里不错，请用这支笔做出标记。"第二天，结果出来了，这幅画作上密密麻麻都是赞美的记号。

橙橙这才明白，原来想让所有人都满意不过是"庸人自扰"。

在生活中，你应该学会欣赏自己的独特之处，接受自己的不完美。正如卡莱尔所说："一本完美无缺的生活史，就像一个完美无缺的人生一样，难以寻求。"

你的不完美，恰恰是你独一无二的魅力所在。

橙橙决心要画出一幅让所有人都满意的画，结果，她发现原来想让所有人都满意，不过是一种自我折磨。这正应了玛莎·贝克所言："完美主义不是追求卓越，相反，它是卓越的敌人。"

那么，为什么生活需要的是快乐，而不是对完美的不懈追求呢？

从心理健康的角度来看，过分追求完美往往会带来不必要的压力和焦虑。当你不断追求完美时，反而会舍本逐末，忽略了生活中的快乐时刻，继而陷入自我批评中。

从人际关系的角度看，追求完美会阻碍你与他人的真诚交流。

从创造性思维的角度看,过分追求完美会限制你的创新和创造力。女性的想象力和创造力原本就是无限的,但在追求完美的过程中,不少女性却容易局限于固定的思维模式,失去了探索的机会。

接受不完美是一种生活的智慧,在接受不完美的过程中,你能学会坦然地面对生活,在不完美中寻找一种更加健康和可持续的生活方式。当你学会在不完美中寻找快乐时,你的生活也会因此变得更加轻松和愉快。

要记住,生活中的快乐往往来自对不完美的接受和欣赏,尝试将"完美"定义为"尽力而为",这种豁达本身就是一种完美。

亲爱的,当你对某件事感到不满意时,不妨停下脚步,试着对自己说:"这已经足够好了。"享受生活中的每一刻,拥抱生活的不完美,才能真正拥有快乐。

自洽心理学

麦穗原理

麦穗原理指的是在面对选择时由于对未来更好可能性的期待而导致的犹豫不决,进而错过眼前机会的心理状态。人们在追求完美的过程中可能产生的"最优化悖论",即在寻求最佳选择的过程中,由于过度分析和预期而导致失去当前可行的好机会。

　　要突破麦穗原理，可以采取以下三种方法。第一，学会满足于当前的情况，而不是不断寻求更完美却不确定的未来。第二，面临选择时，尽快做出决定，而不是犹豫不决。第三，专注于个人的成长和体验，而非结果的完美性。

愿你成为自己的太阳，无须凭借谁的光芒

　　"野有蔓草,零露漙兮。有美一人，清扬婉兮。邂逅相遇，适我愿兮。"

　　从古至今，风姿各异的女性都展现出了独属于自己的美好。她们或智慧，或勇敢，或善良，或美丽，或诸多优点兼而有之。女性的力量，从来不是玫瑰红酒或风花雪月这么简单。

> 我宁愿靠自己的力量，打开我的前途，而不愿求有力者的垂青。
>
> ——雨果

　　高尔基说过："没有太阳，花朵不会开放；没有爱便没有幸福；没有妇女也就没有爱，没我母亲，既不会有诗人，也不会有英雄。"

　　有时候，你或许会不自觉地寻找外部的支持和认可，但却忘记了，

自己其实就是一束光。

曾几何时，萱咛和男友也是让人羡慕的一对。

二人青梅竹马，又考入同一所大学。萱咛成绩优异，一毕业就去了当地有名的传媒公司做插画师，男友则在家人的安排下，进入一家离家很近的银行工作。如今，两个人都到了而立之年。

可是，是从什么时候开始，男友变得懈怠了呢？萱咛盯着画板出神。

三个月前，男友突然辞掉了银行的工作，成了一名游戏主播。他每天直播到深夜，白天则拼命补觉，可三个月下来，男友的收入还不及在银行的半个月的工资多。在二线城市，这样的生活让萱咛突然有了危机感，也开始重新审视两个人的关系。

或许，这一切都早有预兆。无论是男友若有若无地提起想提前退休，还是男友意有所指地暗示自己想要辞职，抑或是他沉迷买彩票、抽奖的举动……只是萱咛选择了视而不见。

但是萱咛不愿分手，也许是她舍不得放弃两个人曾经的海誓山盟，也许是她已经习惯了男友在身边，也许是她害怕自己年纪渐长，已经失去了更好的选择。

算了，两个人本来就是互相依赖的。萱咛如此安慰自己，然后选择了沉默。

在人生的旅途中，或许你如萱咛一般，在不经意间已经度过了漫长的时光。等到转头望去，才惊觉周遭早已物是人非，难以回头。可是，这条人生路越往前走，你就会越深刻地体会到，最终能够真正照耀自己的，只有自己。

生活总是这般，比起期待他人的理解和支持，不如好好照顾自己。在人生这条孤独的征途上，也唯有自己成为那道明媚的阳光，才能获得一种内在的力量：一种不依赖他人的、名为独立和自信的力量。

从自我实现的角度来看，每个人都有潜在的能力和才华。你不需要活在别人的评价或期望里。你的价值和目标，都应当来自内心的声音，而不是外界的期待。

从追求独立的过程来看，你需要学会自我依赖。当然，这并不意味着完全孤立，而是让你在需要的时候，拥有决断和自我判断的能力。因为独立并不是你不需要任何人，而是你知道何时该依靠自己。

庄子说："知其不可奈何而安之若命。"

或许你会面临着不足、失望和挑战，但这些毫无疑问是人生旅途中的一部分。仅仅认识到并接受这些不变的事实，对你来说就是一种深刻的启示。

从这个角度出发，征服自己实际上是对自身能力的一种肯定，是能力的完全释放。因为生活并不是一场淘汰赛，也不是胜负的竞技场，而是一个接纳与完善自我的过程。明白自身的局限，明了自己的方向，明确自己的梦想，接受并不断提升自我，才能让你的生活变得珍贵而美好。

成为自己的太阳，意味着要勇于面对生活中的挑战和困难。每一个挑战，对你而言都是一次拥抱更好自己的机会，每一次克服，都是你变得更加耀眼的证明。

学会依靠自己，成为自己生命中的太阳。无论外界如何变化，你都能发出自己的光和热，用自己的力量，照亮自己的前路。

亲爱的，要相信，你的未来，一片明媚。

自洽心理学

习得性无助

习得性无助指的是当个体在面对反复挫折或不可控的负面事件时，会停止尝试改变或逃避不利情境，即使在后来有能力改变情况时也会表现出无助感。这种无助感不仅限于原始的不可控情境，还可能泛化到新的、实际上是可控的情境中。长期的挫折感和无力感可能导致人对生活失去热情，影响其社会功能和整体幸福感。

要突破习得性无助，可以从以下三个方面着手。第一，认识并接受自己的情感反应，通过接受而非否认这些情感，我们能够更真实地面对自己，为后续的行动做好准备。第二，挑战消极认知，用更加积极和现实的想法替代它们，有效地改变我们的行为模式和情绪状态。第三，将大目标拆分为小的、可实现的目标，每完成一个小目标都可以提升我们的自信心和动力，这种积极的反馈循环有助于打破习得性无助的循环。

第三章

先一个人活色生香，
再两个人相得益彰

好的爱情，是接纳对方原本的样子

爱情需要合理的内容，正像熊熊烈火要油来维持一样；爱情是两个相似的天性在无限感觉中的和谐的交融。

——别林斯基

新闻记者欧内斯特·布拉默在其著作《凯·隆铺开他的草席》中说："谁都知道，没有人能从饥饿的猛虎，或是柔情的女性手里逃脱。"仿佛温柔成了女性的一把利器，只要学会了温柔，女性就能在爱情里占据主导地位，以柔克刚。

曾几何时，为了不让自己在爱情里落于下风，为了防止最坏的事情发生，女性们纷纷钻研起了恋爱宝典，并且在一次次试探中，摸索出一套万无一失的方案"拿捏"对方。可殊不知，在这一场场没有硝烟的恋爱试炼中，那个真实的自我也早就已经消磨殆尽了。

每位女性都希望能遇到和自己情投意合、两情相悦的另一半。然而世间事难以两全，当你爱上的人，偏偏喜欢你伪装出来的另一副模样时，你又该怎么办呢？

阿津不是恋爱脑，至少，她自己是这样认为的。

结婚当天，阿津的闺密们兴高采烈地堵着卧室房门不让新郎进，等新郎一行人好不容易进了房门，闺密们又出了几个游戏"考验"新郎。原本，这些活动都是为了让婚礼显得更加热闹而提前计划好的，但游戏刚玩儿了一个，阿津就笑着说道："好啦，快别为难我老公了，快让我跟我老公走吧！"

阿津此言一出，新郎的亲友团纷纷夸赞新郎有福气，娶了这么一位贤惠的妻子，新郎为此也十分开心，半推半就地把阿津接走了。事后，闺密们担心阿津爱得忘我，特意嘱咐她不要太迁就对方。

"你之前那么活泼要强，怎么结婚后就跟变了一个人似的呢？"闺密摇头叹息，可阿津却不以为然。

她们哪里知道其中的好处呢？阿津暗想。从表面看我是吃了亏，成了弱势的一方，但实际上，只有温柔才能克制刚强。

婚后几年过去了，阿津从来没有跟老公吵过架。因为不管是老公的错还是她的错，她都习惯以退为进。更关键的是，她习惯了以退为进，她老公也习惯了让阿津妥协，因为她老公并不知道阿津忍了多少脾气，还以为阿津就是这么一个温柔的性子。

渐渐地，阿津在这段关系里越来越累。表面上看，他俩夫唱妇随关系和睦，之前的闺密也纷纷称赞阿津有智慧、懂婚姻，但只有阿津本人才知道自己在这段关系里牺牲了多少。

虽然阿津不是恋爱脑，但这样令人疲惫的生活，又何尝不是一种束缚呢！

看着旁边毫不掩饰自我的老公，温柔的阿津陷入了沉思。

心理学家说，好的爱情，就是接纳对方原本的模样。

阿津为了防止婚后生活鸡飞狗跳，选择了一个贤妻良母的人设来"以柔克刚"，但在这段婚姻中，阿津也牺牲了很多。

其实，无论你曾经历过多少段恋爱，本质上也不过是遇到爱你的人和你爱的人。人们之所以信奉"选择爱你的人比选择你爱的人更幸福"，也是因为这两种境遇下，你在爱你的人那里，能更好地保留自我。

恋爱是需要磨合的，婚姻更是如此。在漫长的婚姻中，夫妻相处的每一天，都会逐渐剥掉自己伪装的外壳，最终将真实的自己展现给对方。

相对于男性，女性的小脾气和小情绪显然更多。如果不能让对方接纳自己原本的样子，那这些小脾气和小情绪就会被无限放大，最终变得让对方无法接受。

山本文绪曾说："我的和蔼可亲，彬彬有礼，并不是为对方着想，而是守护自己的铠甲。"可面对要与自己携手余生的另一半，你的盔甲却只是束缚了真实的自己。因为经历了最初的烈火烹油、繁花似锦后，所有的怦然心动最终都会归于沉寂。

所以，亲爱的，当你开始心动的时候，不妨大方地展示出自己原本的模样。只有这样，你才能真的找到这个世界上与你灵魂契合的另一半。

自洽心理学

吊桥效应

吊桥效应指的是在刺激性或惊险的情境中产生的情感强化现象。这种效应说明，在生理上的激动状态（如恐惧、兴奋）可能被错误地解释为对某人的吸引，因为这两种情绪在生理上的表现很相似。在现实生活中，很多爱情的发生都或多或少受到吊桥效应的影响，等这种效应的作用消失后，爱情也就烟消云散了。

突破吊桥效应，可以采用以下三种方法。第一，认识到初次强烈的情感反应可能并不完全代表对方的真实吸引力。第二，花时间相处、交流和分享，更加深入地了解对方的个性和特点。第三，重视长期的情感连接和相互理解。

假如恋爱采取扣分制

在爱情的舞台上，你就是当之无愧的导演。

爱情或好或坏，或平淡如水，或炽热浓烈，都是由手握剧本的你来掌控。或许有时候，你在选择男主演时会出现些许偏

> 婚姻必须首先出于依恋之情，如果您愿意，也可以说是出于爱情，如果有了这种感情，只有在这种情况下，婚姻才可能说是神圣的。
>
> ——列夫·托尔斯泰

差，但只要磨合或换人，你的舞台仍然会十分闪耀，令人沉醉。

如果把爱情比作一场人生游戏，那么爱情中的男女，就像是在大厦中彼此协作的两个玩家，当爱情真的采取扣分制时，那么每一次的误解、每一次的争执，乃至每一个不经意的冷漠，都可能成为爱情大厦中的一道裂缝。此时，两位玩家忽略了一个道理，那就是想要维护大厦，最重要的是相互扶持，彼此理解信任，而非把一切"分数化"，等到分数归零就抽身走人。

爱情本身是无法用分数来衡量的，因为爱情不是一场比赛，也不是一本需要你去核对和平衡的账本。爱情更像是一场旅行，旅途中会有风，会有雨，但也有无数的星辰和日出，等待你去欣赏和体验。在这段旅程中，你应该学会的是放下那些无用的计分板，并且用一颗更加宽容的心去经营这段关系。

在爱的世界里，宽容是一种美德，理解是一种艺术。每个人都渴望在爱情中找到安全感，但这份安全感不应该建立在对彼此的监控和算计上，而应该建立在相互信任和支持上，否则，爱情于你就不是避风港湾，而是风暴源头了。

薛薛一看到小希，内心就很羡慕地。

小希的男朋友身材高大，工作体面，性格温柔，对小希千依百顺，万般呵护。而自己的男朋友与小希的男朋友基本相反。不管薛薛怎么说，让男朋友改正，但男朋友依然我行我素，根本不把薛薛的话当回事。

不爱洗澡，扣分；

脱下来的袜子随手乱扔，扣分；

工资不能如数上交，扣分；

没有维护薛薛，而是替自己亲妈说话，扣分……

时间久了，薛薛已经把男友的分数扣成了负数，而最初对小希的羡慕，也演变成了嫉妒。小希和男友三周年纪念日，她发了一条朋友圈，图片中是男友精心准备的礼物，还有写着满满情话的卡片。薛薛看后生气地把手机丢在了沙发上。

薛薛生气地踢开卧室的门，把男友吓了一跳："你又怎么了？"

"什么叫'又'？"薛薛更生气了。

男友烦躁地翻了个身："懒得理你，我要睡了。"

"不许睡！"薛薛一把掀开被子，"咱俩哪天在一起的，你还记得吗？"

男友没有理会她，薛薛怒气更盛，不依不饶地继续问。男友气得跳了起来，冲薛薛吼道："你能不能别总是发脾气，我最近工作非常忙，刚躺下休息会儿就被你吵醒了。"说完，男友抓起外套摔门而去，只留下薛薛愣在原地。

分手！这日子真是没法儿过了！薛薛终于忍不住崩溃大哭。

真正的爱情，是在风暴来临时，两个人能够紧紧相依，共同面对，而不是互相扣分，看谁先崩溃。并不是像薛薛一般，只要男友不顺自己的意，那她就可以随意在分数板上狠狠记男友一笔。但换个角度看，这种扣分制度真的有效吗？未必。

在一段健康的关系中，男女双方能共同为这座爱情的大厦添砖加瓦，让大厦坚固到能够抵御外界的任何风暴。看到这里，或许有人会问："难道我们要无条件包容和原谅另一半吗？"当然不是。

对于那些原则性的、绝对无法忍受的，以及实在无力改变的问题，你大可以在权衡之后选择抽身离去。但对于那些值得被包容的问题，你可以拿出"累计积分"的态度，多去发现对方的闪光点，并积极引导对方改正问题。毕竟，当初你选择跟对方在一起，也证明对方或多或少是有吸引你的地方的。

在爱情中，扣分很容易，积分却需要更多的耐心和智慧。每次的宽容不是放弃自我，而是对关系的投资；每次的理解不是软弱，而是对爱的深化。爱情里最宝贵的，正是在困难时刻依旧选择相信和支持，而非轻易放弃。

希望每位女性都能用心经营爱情，也都能在美好的爱情中遇见一个更加强大、更加美丽的自己。

自洽心理学

晕轮效应

晕轮效应指的是个体对某人某一显著特质的印象影响了对其其他特质的评价。如果某人在某个方面表现出色，人们往往会倾向于对其其他方面也给予正面评价，即使这些方面并没有直接证据支持。这种认知偏差可能会导致对人的全面和客观评价出现扭曲，在恋爱的过程中，不少情侣都会受到晕轮效应的影响。

要突破晕轮效应的影响，可以尝试以下三种方法。第一，培养对个人特质和行为的全面观察，尝试了解其多方面的特质和行为。第二，保持批判性思维，不被第一印象或显著特质完全影响。第三，与对方进行深入的对话和交流，了解其更真实的一面。

在以防万一的爱情里，真的有你要的安全感吗

卡森·麦卡勒斯曾说："爱情是发生在两个人之间的共同经验。"

在爱情的田野里，每个人都像是在寻找可以共舞的灵魂伴侣。然而，当恐惧和不确定性的阴影覆盖在这片田野上，一些女性开始

> 爱情不仅能够移山倒海，使得人们在阳光下面羽化飞升，飞到太阳底下，也可以把人抛进低级趣味的泥坑。
>
> ——柯切托夫

选择穿上盔甲，将自己隐藏在一个被预设好的角色里，希望这样能够预防"万一"的心碎。

但亲爱的，你真的认为在这样的爱情里，有你所渴望的安全感吗？

真正的安全感源于被理解和接纳，而不是通过一系列预防措施构建的一种表面和谐。爱情不是一场战斗，不需要你时刻提防，也不需要你隐藏自己的脆弱和不完美。相反，真正的爱情是两个真实灵魂的相遇，它需要的是去除所有伪装，展现真实的自我。当你不停地为自己构筑堡垒时，最后反而会丧失安全感。

南川曾经想过很多种婚后生活，却唯独没想到现在这种。

婚前，南川的闺密向她哭诉，称自己被老公欺骗了。原来，闺密婚前有套房，她付了一半的首付，另一半则带到了婚后。婚后，她老公用自己的工资卡还贷款，用她的工资卡来花销，最后，她的房子被老公分走了一部分。

"南川，你一定要当心，别被枕边人骗了。"闺密强调。

南川谨记闺密的教训，她特意去做了婚前财产公证，把自己的小房子分割清楚了。虽然这件事多少有些伤感情，但为了给足自己安全感，南川还是这么做了。

马上要装修新房，南川的另一个闺密神秘兮兮地拉着南川说："南川，你一定要在婚前把房子装修好。"

南川想了想，有道理！

于是，她在婚前缠着男朋友，让男朋友家把房子全部装修完了才同意结婚。

之后，南川又向很多闺密与姐妹"取经"，把自己的安全感做到极致。可让她没想到的是，老公却对自己越来越冷漠。

南川想不明白，给足自己安全感，难道错了吗？

所谓边界，就是各人有各人的生活。但在爱情和婚姻中，很多事情原本就是没法做到泾渭分明的。

在追求爱情和婚姻的安全感时，一些女性，比如南川，会倾向于通过一系列预防措施来保护自己，如婚前财产分配的讨论或是对家庭开支的具体要求。虽然这些措施看似能为未来可能出现的不确定性提供保障，实际上却会对双方的关系产生负面影响，甚至导致婚姻变得一地鸡毛。

当然，需要明确的是，追求安全感本是无可厚非的。毕竟，在进入一段长久关系或婚姻时，考虑双方的经济和情感安全是必要的。可是，当这种对安全感的追求变成了过度的计较和防备，就会削弱两人之间的信任感，甚至植入了一种隐含的信息：双方对这段关系的未来并不抱有足够的信心。

要知道，真正的安全感并不源于你对关系的控制和预防，而是建立在相互信任、接纳和真诚沟通的基础上。只有当你勇敢地展示自己真实的一面，才能与伴侣建立起真正坚固的连接，找到那份深刻的安全感。

在爱情里，你不仅要考虑个人的内心世界和情感需求，还要从社会文化的角度审视爱情中的安全感概念。在不同的文化和社会背景下，对于爱情和安全感的定义可能截然不同，这些差异反过来也影响着个体如何在爱情中寻求安全感。

当你对爱情没有信心时，你不妨让自己变得更加强大。如果不愿意为强大付出努力，那么难得糊涂也不失为一种好方法。当你在爱情里失去安全感，就不免变得计较，不免落于市侩，这也会让彼此的爱情和信任产生裂痕，从而加剧安全感的缺失。

"真爱不是寻找一个完美的人，而是学会以完美的眼光看待一个不完美的人。"这句话道出了爱情中最深刻的真理。在计较的背后，往往是对完美的执着和对不确定性的恐惧。但爱情，从来就不是一场精确计算的游戏，它更像是一场无法预测结局的旅行。在这趟旅行中，你不仅要学会如何与伴侣共舞，还要学会如何在风雨来临时，给予彼此最坚定的支持和理解。

爱情中的过分计较和预防，就像是在这场旅行中紧握着救生圈，永远不肯放手。这样的旅行，足够安全，却也失去了探索未知的勇气和机会。但很多人都忽略了一点，那就是最真实的安全感源自相互间深深的信任和不离不弃的承诺，而非谨慎布下的网。

爱情的美丽，在于它不可预知和充满变数的本质。它要求你勇敢地投入，全心全意地爱。在这份投入中，你可能会受伤，也可能会遇到挫折，但通过这些经历，你能学会如何构建更加坚实的关系。

亲爱的，爱情属于两个灵魂的相遇，而非盔甲下的角力。放下你的防备，勇敢地爱，只有这样，你才能找到那份属于你的、真正的安全感。

自治心理学

假性恋爱

假性恋爱指的是一种看似真实却缺乏深度和真正感情投入的恋爱关系。这种关系可能是基于寂寞、社会压力、物质利益或对真实感情的恐惧而形成的。在假性恋爱中，个体可能表现出表面的恋爱行为，但内心缺乏真正的情感连接。这种关系通常缺乏长期的承诺和真正的相互理解，可能导致双方在情感上的不满足和心理健康问题。

突破假性恋爱，可以采用以下三种方法。第一，诚实地反思自己的情感需求和恋爱动机。第二，发展自我认知，当一个人对自己有足够的了解时，更容易建立基于真实感情的健康关系。第三，与伴侣进行开放和诚实的沟通，讨论彼此的期望、恐惧和需求。

可以爱得忘我，却不能失去自我

J·奥斯丁在《爱玛》中说道："一个女人，不能仅仅因为一个男子向她求爱，或者与她谈恋爱，或者能写出一封还过得去的信就嫁给他。"

是的，有的女性总是很容易被感动。

这份感动有时是因为别人，有时是因为自己。

在一段关系快要走到尽头时，不少女性都会痛苦地问："我为他付出了那么多，为什么他还是不爱我？"或许，在恋爱之初他是真心爱过你的。

> 爱情里面要是掺杂了和它本身无关的算计，那就不是真正的爱情。
>
> ——莎士比亚

他为你春天一般的温暖而感动，为你毫无保留的牺牲而沉醉。可惜，这种感动就如同昙花一现，短暂到令人惋惜。就如同你在冬天为他点燃的一堆火，还不消等到盛夏，炙热的火光就会灼得他想抽身退步。即便分开之后，他又来寻求温暖，却也很快因为炙热而再次逃离。

三叶和她的男友交往了一年，但分开时间却有八个月。

毕业后的两个月里，三叶只见了男友一次。平时，三叶会把生活上不愉快的事情告诉男友，但男友却显得漠不关心，能敷衍就敷衍，实在敷衍不了，就压根不回复三叶的消息。

收不到男友的消息，三叶感到心烦意乱。她开始纠结，开始闹，最后男友妥协了，但在道歉之后却变得更加沉默。

后来，男友突然说要回老家工作，这打乱了两个人之前要去同一个城市工作的计划。三叶软硬兼施，但男友的态度却十分坚决。最后，三叶退了一步，提出可以让男友回老家，但必须先订婚见家长。男友沉默了一晚，在第二天早上提出了分手。

"他怎么能这样对我？"三叶对朋友说道。对于男友提出的分手要求，三叶无法接受。之后，她主动道歉，主动认错，但男友还是没有松口。

朋友让三叶不要再找他，冷处理三个月，说不定男友会怀念三叶的好，主动回来找她。因为没有更好的办法，三叶只好同意了。才过了一个多月，男友就主动来找三叶，说怀念三叶的厨艺，怀念三叶对自己的好……三叶十分开心，两个人就这样复合了。

然而，好景不长，没过几天男友又开始不冷不热地对待她。最终，男友还是选择了离开，而三叶则在这段关系里遍体鳞伤，却又不知道问题出在哪里。

有一个形容夫妻关系的词，叫作"相敬如宾"。对热恋期的女性来说，这个词听上去显得些许冷漠。如果爱一个人不能做到轰轰烈烈最疯狂，那岂不是辜负了爱情？但冷静下来细细品味，才能品出这个词的隽永之味。

三叶的男友愿意与她和好，愿意给彼此一个机会，这是他在尝试与三叶相处的信号，那为什么最后他还是离开了三叶呢？最重要的原因，或许就是他与三叶在一起之后，就会失去一部分自我。

或许是三叶控制欲太强，比如男友提出回老家工作，三叶就要订婚见家长，再如男友不回消息时三叶就哭闹纠缠。或许是三叶习惯性将男友当成情绪垃圾桶，她只顾将自己的不愉快都倾倒给男友，却没有想过他究竟能承载自己多少负面情绪。总之，跟三叶在一起的日子虽然令他不舍，但比起三叶身边那个不完整的自己，他宁愿选择离开三叶，找回完整的自己。

他想要的，是一个有思想、有主见、有性格的三叶，而不是一枝菟丝花。三叶并没有意识到这一点。

其实，爱情最好的模样应该是相敬如宾的。因为人生而孤独。你诞生于这个世界，一路走走停停。从最初的家人，到后面的朋友，再到遇上那个能让你携手一生的灵魂。偶然相聚，有过喜悦，度过悲伤，然后在经历一次又一次的失去后，最终独自面对死亡，踏上另一段旅途。

因为孤独，所以你依恋着另一半，与他相知相守，结伴而行。

因为孤独，所以你们又不能完全属于彼此，因为总有一段旅程需要你独自前行。

你爱他，但你是自由的，这才是一段感情中最理想的状态。

好的爱情都是建立在双方人格独立基础上的，而好的状态则是相互吸引却又相对独立的。过度依赖会带来疲惫，过度热情则会灼伤彼此。所以说，最好的爱情，往往是恰到好处的。

你可以爱得忘我，却不能失去自我。唯有这样，才能做到两个人相得益彰，一个人活色生香。

自洽心理学

依赖心理

依赖心理指的是个体过分依赖他人来满足自己的情感或物质需要。这种心理状态通常表现为对特定人（如伴侣、家人或朋友）的过度依赖，以至于在没有这些人的支持和帮助时，个体会感到无法独立生活或做出决策。长期的依赖心理不仅会限制个体的个人成长，也会导致情侣关系的不平衡和产生心理健康问题。

要突破依赖心理，可以采用以下三种方法。第一，提升自我意识和自我价值感，相信自己能够独立处理生活中的问题。第二，发展独立的兴趣和活动，拥有自己的爱好和追求。第三，学会有效沟通和表达需求，保持个人的独立性和个性。

与其苦苦挽留，不如漂亮地转身离开

一旦陷入情网，你眼前那个再普通的男人，也会变得高大起来。

他也许并不像影视剧里那些男士才华横溢、温柔多金，但他一旦住进你心里，其他再优秀的男子也是过眼云烟。

古往今来都是如此。

当冷静睿智、不食人间烟火的张爱玲遇到胡兰成，裹在张爱玲身上那厚厚的理智"外壳"也瞬间被摧毁，一向对爱情悲观审慎的张爱玲如飞蛾扑火般陷入了这段"爱情"。

> 友谊就像陶器，破了可以修补；爱情好比镜子，一旦打破就难重圆。
>
> ——比林斯

然而，爱情的本质并非永远地沉浸在甜蜜和憧憬中，它也包含着成长、变化甚至是分离。分手，尽管是情感旅程中最艰难的部分之一，但它也是个人成长和自我发现的重要阶段。面对一段已经走到尽头的关系，与其苦苦挽留，不如选择漂亮地转身离开。

转身离开，并不意味着失败或放弃，而是一种勇气和自尊的体现。

它意味着你愿意面对现实，愿意释放那些不再属于你的情感，给自己一个全新的开始。这是对自己的尊重，也是对过去美好回忆的尊重。在爱情的故事中，不是每一段情感都会有圆满的结局，但每一次经历都是宝贵的财富，可以教会你如何更好地爱和被爱。

慕晴和阿泽曾是大学时代的恋人。

那时的爱情，如同春天里盛开的花朵，美丽且充满希望。然而，随着时间的推移，两人之间的距离却越来越远。

阿泽读了博士，慕晴则成了一名幼师。他们之间的交流越来越少，分歧也日渐增多。慕晴开始发现，她和阿泽的未来愈发模糊，她内心的不安和失落感也越来越强烈。

事情的转折点发生在阿泽读博的第二年。阿泽整日忙于博士实验，慕晴一是因为二人聚少离多，二是因为阿泽的优秀时常担心。

起初，慕晴努力挽留这段关系，她尝试改变自己，以适应阿泽的生活方式和价值观。然而，每一次的妥协和改变，都让她感到自我价值的丧失。在一次深夜的长谈后，慕晴终于意识到，真正的爱情应该让双方都感到快乐和共同成长，而不是让其中一方不断失去自我。最终慕晴做出了一个决定。

在一个阳光明媚的下午，她和阿泽分手了。两个人心平气和地表达了自己的感受和想法后，彼此都松了一口气。还好，曾经的美好得以体面收场。还好，再见面的时候，还能优雅地微笑，说声"好久不见"。

在爱情的长跑中，时常会出现选择的十字路口。那条曾经铺满鲜花、阳光明媚的道路会变得荆棘密布、阴云满天。在这样的时刻，与其苦苦挽留一段已经无法给予彼此幸福的关系，不如勇敢、优雅地转身离开。这不仅是一种自我救赎的行动，更是对未来坚定不移的信念。

漂亮地转身离开，等于为自己打开一扇新的门。这扇门可能通往自我探索的旅程，可能通向更加成熟和理智的自己，也可能通向另一个懂得欣赏、知道爱护你的人。

这个过程虽然伴随着痛苦和不确定性，但也是自我成长不可或缺的一部分。其中每一步都是在塑造更加坚强、更为独立的你。

结束一段已经无法给予你幸福和成长空间的关系，并不是一种逃避，而是一种勇敢。它需要你面对内心的恐惧和不安，需要你相信自己有能力拥抱未知的未来。这种勇气源于对自己价值的认识，也源于对生活的热爱和对未来的憧憬。

在这个转折点上，给自己一些时间和空间去愈合，去反思。不是每一段结束的爱情都要以悲剧收场，它也可以是你人生中的一个重要契机，让你学会更多关于爱与自爱的真谛。当你准备好再次出发时，你会发现自己已经变得更加强大，更加完整。

转身离开是对自我的尊重。在爱情里，每个人都值得被爱、被尊重。当这段关系让你感到自我价值受损时，当你发现自己为了维系这段关系而不断失去自我时，这个时候，选择离开是对自己最深的爱。它意味着你愿意为了更好的自己，放弃那些不再为你带来快乐的东西。

转身离开也是对时间的尊重。对你来说，时间不应该被浪费在无休止的痛苦和挽留中。当你意识到某段关系已经不再能为双方带来成长和快乐时，选择离开，恰恰是给自己留出时间，去寻找那个能够与你携手前行、共同成长的人。

离开并不意味着逃避或失败，而是一种生活的智慧。它教会我们如何在生活的风浪中保持坚韧，如何在失去中找到自己的价值和方向。真正的强大，来自对自己的了解、对未来的信心，以及在关键时刻做出正确选择的勇气。

漂亮地转身离开是一种生命的诗意。它如同一首优雅的离别曲，虽然带着离愁别绪，却也预示着新的开始。所以，亲爱的，当爱情走到尽头，勇敢地选择离开，不仅是在放下一个不再属于你的人，更是在拥抱一个更加辉煌的自己。

未来的路上，你会遇见更多的美好，因为你勇敢地走出了过去，勇敢地走向了属于你自己的璀璨光明。

自洽心理学

淬火效应

淬火效应是指通过适当的挫折和困难，来促进个体的心理成熟和心理承受能力的增强。这意味着通过面对和克服困难，个体能够培养更强的适应力和抗压力。果断结束一段让你痛苦不堪的恋情，不仅不会让你失去什么，反而会让你变得更加坚强、更加理性。

利用淬火效应，可以采用以下三种方法。第一，面对

感情上的困难和挫折时，将这些经历作为个人成长和心理
韧性培养的机会。第二，从挫折中学习并吸取教训，无论
结果如何，都是对自身能力的提升和心理成熟的促进。第三，
保持一定的情感距离，给自己时间和空间来思考和冷静处
理问题。

所有大张旗鼓的离开都是试探

在爱情的世界里，每位女性都期待寻到一个能让心灵安定下来
的归宿。

然而，当她们将爱情视作一场需要不断试探和验证的游戏时，
却逐渐迷失了方向，也遗忘了爱情最纯粹的本质。

爱不是找到一个完美的人，而是学会以完美的眼光看待那个不
完美的人。爱情中的试探，往往源自人们对完美爱情的渴望，以及对未来未知的恐惧。恋爱中的情侣总是试图通过制造情绪风暴来测试爱情的深度，却忘记了风暴之

> 爱情，这不是一颗心去
> 敲打另一颗心，而是两颗心
> 共同撞击的火花。
> ——伊萨可夫斯基

后往往会留下疲惫和伤痕。

小虞觉得，"一哭二闹"的方法简直就是恋爱秘密武器。不管是自己的错还是男友的错，只要小虞一闹分手，男友立马就会妥协。久而久之，小虞开始变得有恃无恐。

最近她总感觉男友有些冷漠，想威胁一下他。小虞一边吃着橘子，一边歪着头想道。她看了看表，男友应该快回来了。小虞匆匆收拾好橘子皮和可乐罐，又把梳好的头发散下来，她满意地打量着镜子里的自己，然后做了个泫然欲泣的表情。

就在这时，楼道里传来了电梯的声音。小虞赶忙跑到沙发上托腮沉思，男友开门进来，恰好看到满腹心事的小虞。

"怎么了？"男友皱着眉头问道。

"没事。"小虞冷漠地说道。

男友似乎并没有听出小虞的弦外之音，于是便自顾自地忙了起来。

小虞暗自腹诽道：可恶。然后开始站起来，慢吞吞地收拾起行李来。眼看收拾了大半箱，男友依然没有发现小虞的异样。小虞十分生气，故意在收拾行李的时候弄出了一些声音，这才把男友吸引过来。

"你到底怎么了？"男友又一次问道。

小虞的泪珠随着男友的发问开始扑簌簌往下掉："你别管我，反正我早就碍你眼了。"男友说："你什么时候碍我眼了？我又哪儿做错了？"

"你自己想吧！"小虞加快了收拾行李的动作，男友赶忙上去阻拦。一来二去，小虞添油加醋地告诉了男友他最近对自己冷漠的事。男友无奈，只能再三保证绝不再犯。

看着男友对自己百依百顺的样子，小虞的嘴角露出一丝狡黠的笑容。

生活中，有不少女性喜欢将自己的情感安全建立在另一半的反应上。为了挽回男友，为了在爱情中占据主导权，她们选择用大张旗鼓的离开和充满戏剧性的告别去验证一份安心。可是，这种方式或许能暂时换来对方的迁就，却无法带来真正的理解和尊重。毕竟，真正坚固的爱情是建立在彼此信任、尊重和理解上的，而非不断试探的游戏。

爱情中的试探，往往出自不安全感和对未来的恐惧。

在一段关系中，喜欢争夺主导权、喜欢不断试探对方的女性，往往是害怕离开、害怕孤独的一方。她们试图通过各种方式来测试对方的忠诚度和爱的深度，却只会让双方的关系变得更不稳定，并不能给她们带来真正的安全感。

小虞大张旗鼓的"离开"，让自己占据了主导权，也成功让男友向自己妥协，她在用这种方式告诉对方："看，我多么受伤，我多么需要你的挽留。"但这样的试探真能带来她所渴望的安全感吗？未必。

小虞的行为就像在爱情之桥上放下一根根稻草，虽然无足轻重，但当最后一根稻草压下来，或者一把火点燃所有稻草的时候，两个人的爱情之桥也必将出现裂痕，甚至轰然倒塌。小虞的大张旗鼓，最后只能是得不偿失。

那么，需要如何做，才能在爱情中真正获得安全感呢？

第一，要学会用更成熟的方式来表达自己的合理需求。如果把小虞的"一哭二闹"比作低阶法宝，那么高阶法宝则是撒娇和对话。爱情不应该是一场充满计谋和试探的战役，却可以是一盘博弈的棋。只要用心沟通与经营，自己就能获得合理的需求。

第二，要学会增强自我的内在力量。在感到安全感缺失时，我们可以寻找内在的力量，而不是寻求外在的证明。当能力足够强，内心世界足够充盈时，也就无须靠威胁对方来获取安全感了。毕竟，女人的安全感大多是自己给的。

亲爱的，真爱并不在于那些戏剧性的告别，而在于平淡中的柴米油盐。在爱情世界里，最深沉的爱往往来自简单的日常，那些不经意的关怀、理解和支持，比任何言语都来得更加有力。在爱情中，你应该追求的是彼此间的信任和接纳，而非不断的试探和验证。当你开始用心倾听、用爱经营时，就会发现真正的爱情是可以超越一切困难和挑战的——它不需要大张旗鼓地去证明，因为它的存在本身就是最好的证明。

自洽心理学

PUA

PUA，原意为"搭讪艺术家"，是指那些专门研究和实践吸引异性的技巧和策略的人，后来泛指很会吸引异性，并让异性着迷的相关行为。虽然 PUA 社区声称其技巧可以提高社交和约会成功率,但这些技巧常常因为具有操纵性、缺乏尊重和道德争议而受到批评。在恋爱过程中,警惕并突破 PUA 的影响是很有必要的。

突破 PUA 的影响,可以采用以下方法。第一,了解 PUA 技巧的常见模式,识别并抵制操纵性行为。第二,明确自己在关系中的需求和界限,并在感到不舒适时勇敢地表达。第三,远离那些试图通过操纵和游戏来建立关系的人,寻找那些基于真实感情和尊重的健康互动。

第四章

我不是生来乐观，
我只是选择乐观

控制欲越强，对方越迷茫

老子曾说："治大国若烹小鲜。"这句话不管是用来治理国家，还是用来管理家庭都很适用。因为过度的干预和控制不仅会让国家产生混乱，也会给家庭成员带来压抑感，甚至影响家庭成员的性格和选择。

有的女性从小就接受着严格且压抑的家庭教育，父母在学习和生活的各个方面对她们严加控制，上到选择学校、专业和交友，下到日常生活的各种小细节。或许，父母的这种行为是出自好意，是想让孩子少走弯路，但他们却忽略了孩子的人生是他们自己的，有时候，困难也是成长的一大助力。如果事事控制孩子，事事替孩子做决定，那孩子就会走向两个极端——要么越来越依赖父母的决策，逐渐丧失独立思考能力和解决问题能力；要么变得叛逆，事事都不思考对错，只想跟父母对着干。

有些女性遇到了控制欲过强的父母，这让她们感到自己的想法和需求被忽略，从而产生被边缘化的感觉。其中，有一些较为清醒的女性开始尝试寻找各种方式来

> 人是生而自由的，但却无往不在枷锁之中。自以为是其他一切的主人的人，反而比其他一切更是奴隶。
>
> ——卢梭

逃避父母的控制，比如撒谎、瞒着父母做事等。

不过，由于父母通常会误以为自己的控制欲是对孩子负责的表现，因此根本察觉不出自己的行为会对孩子们造成什么样的伤害，即便孩子明确指出这一点，他们也会觉得是孩子不懂自己的苦心。

因此，如何在爱与自由之间找到平衡点，是每个家庭都需要思考的问题。

"我家雪晴从小就懂事儿。"雪晴妈看着沉默寡言的女儿满意地说道。

她一边跟亲戚朋友寒暄，一边推了推雪晴："快，叫人啊，这是你姨姥，这是你舅奶，这是你小舅爷爷。你不是学英语的吗？快，跟大家用英语打个招呼！"

"姨姥、舅奶、小舅爷爷，你们过年好。"雪晴硬着头皮敷衍了一句，但心里却十分抵触。自己都三十多岁了，但在妈妈眼里，自己还是那个需要教导的小孩。雪晴明明就是一个性格内向的人，可在性格外向老妈的压力下，硬是当了三十年外向人。

这么多年了，雪晴觉得自己就像个木偶，逢年过节不是被牵出去比较，就是被推出去给长辈敬酒敬茶，甚至表演节目。随着年龄增长，加上家族里的孩子们逐渐出生，大家总算放过了雪晴。但在家里，雪晴还是那个"受压迫且不敢反抗"的人。

有时候，雪晴也在反思，自己不敢反抗，略显懦弱的性格，是不是跟家长的强势有关系？但她也知道，即便自己已经意识到了这点，但三十年过去了，这种性格早就已经成型，再难改变。一个懂事的孩子或许会博得大家称赞，但一个懂事的大人有多委屈，就只有雪晴自己知道。

家庭就是一个小社会，父母是自己最亲密的人，在这种环境下，你想保持自己的节奏似乎比想象中要困难得多。雪晴已经意识到了家庭对自己的控制，但她仍旧无法破除这点，只能选择逃避。

相比男性而言，这种控制欲过强的成长环境更容易对女性造成压力。在控制欲过强的环境中成长起来的女性，其自我价值的实现和个人成长的空间都会明显受损，这也让她们难以勇敢地捍卫自己的权利。

更令人遗憾的是，不少生长于控制欲强的家庭的女性，其对子女的控制欲也明显更强。这种控制欲让子女感到窒息，也让子女十分压抑。所以，摆脱控制欲迫在眉睫。

当然了，想要摆脱控制欲也不是什么绝对做不到的事情。

巴里和贾内夫妇在《依赖共生》中提出，控制是依赖共生关系中最为重要的表现形式。在这种共生关系中，控制的一方很享受这种优越感，而被控制的一方在承受控制和打压的同时，内心也无法离开这种照顾。而摆脱控制的第一步，就是要下定决心，脱离在潜意识中所依赖的这种照顾。

你可以在回应控制型父母时少一些剧烈反应，多一些表明自身立场的话。比如简单坚定地告诉父母："不，我不想做。"要注意，说这句话的时候要尽量冷静平淡，不要带有情绪，否则会产生反效果。

父母的角色应该是指导者而非控制者，你是一个独立的个体，你有自己的思想、情感和梦想。过度的控制，只会抹杀你的个性，让你失去自我，让你在探寻生活的意义上变得迷茫。

所以，亲爱的，这一次请为自己创造一个自由和谐的环境，真正成为自己生命的主人，并且勇敢地追求内心的平静与世界的宽广。

自洽心理学

权威效应

权威效应是指个人在权威人物（如父母、老师、领导）面前可能放弃自己的批判性思考和独立判断的心理现象。在这种效应下，人们往往倾向于服从权威，即便是在与自己的价值观和信念相冲突的情况下也会选择服从。权威效应在家庭关系中体现得尤为明显，其可能会导致个人自主性和创造性被压抑。

要突破权威效应，需要提升自我意识和独立思考能力，具体来说，可以从以下三点着手。第一，理解自己的价值观、信念和界限，识别何时可能会受到权威的不当影响。第二，学会对权威的信息和指令进行质疑和评估，不盲目接受。第三，从多种来源获取信息，避免被单一权威观点限制。

弥补不完美的有效方法

泰戈尔曾说："天地万物都在追求自身的独一无二的完美。"

列夫·托尔斯泰也说："人类的使命在于自强不息地追求完美。"

在这个世界上，仿佛许多人都在追求那个似乎触手可及却又遥不可及的完美。在他们看来，完美是成功的标志，是被世界认可的凭证，是个人魅力的至高体现。

然而，这世间真正的完美太过难得。对绝大部分人来说，能够做到顺心随意，在生活中拥有一些"小确幸"就已经是相当不易的事情了。那么，在这样的情况下，我们又该如何应对那些不完美的事呢？答案很简单，面对不完美，最直接的应对方式就是承认并接受它。

要知道，不完美并不意味着失败，而是成长和进步的起点。当你接受并承认这一点时，你的人生也拥有了更多的选择。比如，如果你意识到了自己口才不佳，在接受了这个不完美之后，你就有了两个选择：一个是深耕你的其他优势，比如写作，在文字中，你可以尽情

习惯真是一种顽强而巨大的力量，它可以主宰人生。

——弗兰西斯·培根

展示你的智慧和情感，让人们通过你的文字感受到你的魅力；另一个则是努力改善你的口才。

也就是说，我们可以毫不在意自己的不完美之处，也可以通过努力，让自己的不完美日趋完美。在这个过程中，我们不仅能够对人生拥有更多感悟，还有可能不断地提升自我，拥抱一个更加美好的自己。

如果说，这个世界上真的有能实现人们愿望的阿拉丁神灯，那么，毛毛要许的愿一定是变瘦。如果不能瘦到 90 斤，那么瘦到 100 斤也是好的，如果连 100 斤都瘦不到，那么瘦到 110 斤也是好的。毛毛屏住呼吸，盯着体重秤上 122 斤的数字，有些悲伤地想到。

虽然毛毛长相甜美可爱，这个体重也不算太胖，但她总是没来由地感到自卑。一次，毛毛又屏住呼吸在体重秤前祈祷，她的姐姐看到后有些好笑地说道："你晚饭吃了一大碗卤肉饭，还喝了可乐，刚才又吃了个甜甜圈，我喊你去散步，你又懒得去，现在要称体重却在祈祷不长胖，怎么可能！"毛毛也知道不可能，但她仍然在祈祷，期望拥有吃不胖的体质。

参加工作后，去银行工作的毛毛因为太在意身材问题，所以对职业装非常抵触。可是，银行有着装要求，如果毛毛不穿职业装，那就要考虑换份工作了。曾经的自卑加工作的需求，让毛毛痛定思痛，想了好久，她终于下定决心——减重！

每一个减肥成功的人都知道，减肥根本不是件容易的事。毛毛体重基数本就不大，她靠节食和运动减肥都收效甚微。中途，毛毛有很多次都因为控制不住食欲导致减肥失败，可为了漂漂亮亮地穿上职业装，毛毛还是坚持下来。

当体重秤上的数字最终落到99时，毛毛忍不住喜极而泣。

"瞧，求人不如求己吧？"旁边的姐姐看着激动的毛毛，忍不住笑了起来。

弥补不完美并不意味着要改变过去，而是要如毛毛一般，通过个人努力去改善现状，改变未来。在所有面对和弥补不完美的方法中，最有效的就是接受现实并实现自我成长。毕竟，与其寻找阳光，倒不如自己就成为那道光。

那么，你需要如何面对生活的挑战，弥补那些让自己遗憾的不完美呢？

第一，学会构建自我价值。很多时候，一些不完美焦虑不过是受到了外界的干扰。对于这一点，只要学会对自我进行正确客观的认知便可以应对。当你的内心世界足够强大，就可以平和地面对外界的干扰，并肯定自我价值。

第二，投资个人发展，并为之努力。每个人都有自己的闪光点，也有将闪光点变现的能力。你需要发现自己的优势，比如教育、性格、爱好、特长等方面，发现优势之后，你要进行优势最大化。举几个例子，当你面临的不完美是经济压力，而优势是嗓音时，你就可以通过选择配音、播音、语言直播等进行变现；当你面临的不完美是外貌和身材压力时，你则可以通过妆造和塑身来弥补这份不完美。

真正的完美不在于追求无瑕的外在，而在于如何优雅地接受并拥抱自己的不完美。每个人的生命都是独一无二的旅程，充满了挑战和不确定性。但正是这些不完美和挑战，赋予了你成长和改变的机会。当你弥补甚至超越生活中的不完美时，就会发现凡是过往，皆为序章，世界的璀璨炫丽，于你触手可及。

自洽心理学

卡瑞尔公式

卡瑞尔公式是一种心理学上的应对机制，它建议人们在面对不确定性和潜在的负面结果时，心理上准备接受最坏的情况，同时积极地追求最好的结果。这种策略有助于减少焦虑和恐惧，因为通过接受最坏的情况，个体可以减轻不确定性带来的心理负担。同时，积极追求最好的结果则会激发动力和希望，有助于保持积极的心态和行为。

要有效利用卡瑞尔公式，可以从以下三点入手。第一，培养现实主义的乐观态度。不要一遇到负面结果就唉声叹气、消沉放弃。第二，学会调节情绪，以平衡心态面对挑战。第三，建立支持性的社交网络，借助他人的力量和观点来帮助自己保持平衡的心态。

成长的宿命，就是超越你的原生家庭

我们在接受家庭的不完美时，既要坦诚面对家庭中可能存在的问题，也要学会从中找到自己的位置。

家庭的不完美并不是什么错误，因为每个家庭都有自己的局限性，正如每个人都有自己的优缺点一般。在弥补原生家庭的不完美之前，你首先需要认识到这一点。

> 幸福的家庭都是相似的，
> 不幸的家庭各有各的不幸。
>
> ——列夫·托尔斯泰

家庭的不完美可能源于经济条件，可能源于父母的教育方式，也可能源于家庭中的某位成员。对女性来说，理解并接受家庭的不完美，能让她们更明白自己想要弥补的不完美是什么，也能让她们生出为之弥补、奋斗的勇气。

每个人都会面临种种不尽如人意的情况，面对这些情况，最有效的弥补方法就是通过自我成长将其转化为力量。

如果我的家庭再完美一些，我能留住他吗？

笛卡如是想道。

她和男友相恋四年，可就在双方准备步入婚姻殿堂时，男友却因为笛卡的家庭条件不太好，临时反悔退婚了。

现在自己家亲友都要替笛卡讨个说法，可笛卡自己却出乎意料地平静。这么多年，她的家庭也没有因为她大富大贵，自己也没优秀到让家庭骄傲的地步。于是，笛卡摘掉了戒指，扔到抽屉里。

"好了，个人有个人的选择，我不怪他，你们也别为我担心了。"笛卡把这段话发到了家庭群里。

时间过得飞快，三年后，笛卡已经成了当地小有名气的女企业家，亲戚朋友纷纷给她介绍对象。这时，在追求笛卡的过程中，他们更多关注自己的条件，而不再过多考虑她的家庭条件。

笛卡打开手机时，看见一条验证消息，发现竟然是曾经的前男友。验证消息里，是他还在想念她，是他浓情蜜意地忘不掉她。

笛卡嗤笑一声，直接忽略了验证消息。

每个人的生活都不会完美无缺，但生活的迷人之处，就在于你可以通过不断努力，将这些不完美转化为推动你前进的力量。

笛卡没有因为男友的离去而自怨自艾，也没有被家庭的不完美束缚，而是首先接受了现实，然后勇敢地面对了现实。她没有停留在过去的失败和遗憾中，而是将所有的精力投入自己的事业和个人成长上。三年后，笛卡不仅成了一位成功的女企业家，还重塑了自己的价值和性格。她的自我成长不仅弥补了原生家庭的不完美，还让她成了一个更加强大和自信的人。

真正的成长，意味着必须超越原生家庭的局限，并找到自己的位置。只有当你停止向原生家庭妥协，才能真正开始属于自己的生活。当然，超越原生家庭并不意味着彻底切断联系，而是要学会用一种更健康的方式与之相处。

在逃离原生家庭时，你势必会遇到挫折和困难，但请你相信，离开让你窒息的原生家庭，反而会让你拥抱一个更加坚强、更加独立、更加完整的自己。

超越原生家庭是一种向内的探索和向外的扩展，它要求你不断地自我反省，不断地完善自我。在这一过程中，你将粉碎曾经的自我，重塑新的自我，最终与过去握手言和。

那么，该如何摆脱原生家庭的桎梏，迎接新生呢？

第一步，学会深入了解自己的需求、欲望和梦想。注意，这一步是让你了解自己的需求与梦想，而不是让你完成家庭或家人的需求与梦想。很多陷于原生家庭桎梏的女性，会误将"为家庭做贡献"作为自己的需求，于是，她们为了家庭奔波忙碌、焦头烂额。不管家人用什么方式要求你，你都要明白你是为了自己而活，你的人生是属于自己的，明确了这一步，才能有机会从原生家庭的泥沼中挣脱出来。

第二步，设立边界，寻求支持。当你意识到自己已经陷入原生家庭泥沼中时，不妨寻求专业人士的帮助，以获取情感上的支持和理解。但是，要注意不要盲目听从他人建议，要结合自己的实际情况，选择那些对自己有帮助的建议和意见，以免得不偿失。

第三步，制定方向和方法后要积极行动。很多被原生家庭束缚住的女性已经意识到了这点，也获得了很多建议和帮助，但她们本人却没有积极行动的勇气，进而导致她们在原生家庭的泥沼中不断浮沉。此时，你一定要拿出不破不立的勇气，如果拖的时间过长，反而会磨平你渴望超越原生家庭的心，反而容易向原生命运妥协。

亲爱的，每个人都值得成为更好的自己，都能够变成照耀自己的光芒。愿我们都能成为自己的光，照亮前行的道路，不畏过去，勇敢超越，最终航行到我们渴望到达的彼岸。

自治心理学

原生家庭影响

原生家庭影响指的是个人早年在原生家庭中的经历和环境对其成年后的心理状态和行为模式产生深远影响。这种影响包括价值观、应对压力的方式、人际关系处理等方面。原生家庭的影响可能是积极的，也可能是消极的，那些在原生家庭中经历了忽视、虐待或其他负面情境的个体，可能在成年后面临更多的心理挑战。

要超越原生家庭的影响，可以从以下三点着手。第一，要先认识并接受这种影响的存在，然后再对自己的童年经历进行回顾和分析。第二，要通过心理咨询或自我反思，学习处理和治愈由原生家庭带来的负面情绪和心理创伤的方法。第三，要积极建立和维护健康的人际关系，以形成全新的、更健康的行为模式，进而摆脱原生家庭的影响。

你的梦想这么大，怎能不受点儿苦

梦想总是光芒万丈的，可它的背后往往伴随着汗水与泪水。因为在追逐梦想的路上，并不是每个人都能一帆风顺。

追逐梦想之路时的每一份苦难和挑战，都是成就锻造你的催化剂。这些经历虽然艰苦，但它们能磨炼你的意志，锻炼你的能力，让你在追求梦想的路上变得更加坚不可摧。

> 伟大的事业，需要决心、能力、组织和责任感。
>
> ——易卜生

有些女性觉得，当自己

面对一个不那么理想的起点时，自己的梦想似乎也成了一座高不可攀的山峰。每当在现实中遇到挫折，她们便会将问题归咎于自己的家庭。

可是，亲爱的，你的梦想那么大，那么美，如果不靠自己一步一步地走向那里，是否会缺少了一分光彩？当你翻山越岭来到彼岸，迎接曙光时，回首望去，曾经的荆棘之路或许也会变成坦途。

家庭的贫富贵贱，是你生命故事的一部分，它虽然能定义你的开局，却不能决定你的结局。

小鱼一直想成为一名歌手。她拥有甜美的嗓音，又会写歌，如果不出意外，她一定能在舞台上大放异彩。可是，高二那年，她跟家里说自己想走歌唱这条路时，却遭到了家里的反对。

小鱼的家里根本无法负担小鱼学习唱歌的费用。初中时，小鱼妈妈被工厂裁员，爸爸也因为公司效益不好丢了工作。这些年，小鱼爸爸在开出租车，她的妈妈则一直没有再找工作，而是选择在家相夫教子，照顾老人。

最初，小鱼也抗争过，可当奶奶把皱巴巴的一沓零钱和一些硬币交到她手上，让她去读音乐学院的时候，小鱼哭了。

她哭，是因为她明白，自己的音乐梦到头了。

后来，小鱼经过再三考虑，决定重新追求自己的音乐梦。她开始在网上学习唱歌的技巧，开始学习五线谱和简谱，以及乐理，开始尝试跟音乐有关的一切……

终于，有人向她抛出了橄榄枝。

　　小鱼参加了学校的"十佳歌手"大赛，比赛那天，有一个专门做自媒体的学长发现了她的天赋。比赛结束后，学长邀请小鱼跟自己一起做自媒体，小鱼敏锐地感知到，自己的机会来了。

　　功夫不负有心人，小鱼还没有毕业，就已经在平台上拥有了一大批粉丝，甚至还有节目组邀请她参加录制。

　　回首曾经放弃音乐的时光，那仿佛是小鱼的一场梦。

　　好在，梦醒了；好在，现实比梦更好。

　　你知道吗？梦想从来不在乎你是从哪里出发的，它只关心你有多渴望到达终点。在你的渴望面前，家庭条件不过是个标签，它只能决定你的过去，却无法决定你的未来。能决定你未来如何的，只有你的选择和行动。

　　小鱼曾经因为家庭短暂放弃了自己的梦想，但最后兜兜转转，她还是实现了自己曾经的梦。不为别的，只因为无数次的失败和挫折，都不是阻止她前进的理由，而是让她拥抱更好的自己的契机。每一次跌倒，都是她学习如何更加稳健地站立的前提。当家庭条件不佳时，只是意味着她需要付出的努力更多，因为在追梦的路上，坚持和努力是最有效的动力。

　　在家庭条件有限的情况下，学会创造和利用资源是实现梦想的关键途径。比如，你可以利用互联网的知识库、社区的资源、学校的奖学金等。每一个小小的机会，都可能是你通往梦想的桥梁。通过不断地学习和成长，你也可以拓宽视野，找到实现梦想的新路径。

　　在追逐梦想的路上，你也并不孤单。社群的力量、家人的支持、朋友的鼓励、导师的指导，都是你坚实的后盾。没有人是一座孤岛，完全靠自己生存。在追梦的旅途中，寻找和建立一个支持系统至关重要，有了他人的支持，你也能早日遇见更好的自己。

追梦路就像一场马拉松，虽然你的起跑线比别人靠后几步，但经过跌倒和汗水，经过努力和坚持，你也终将抵达星辰大海。原因无他，只因为你坚持，只因为你值得。

自洽心理学

蘑菇定律

蘑菇定律在心理学中指的是人们在成长和发展的过程中，经常需要经历一些艰难和不愉快的阶段，就像蘑菇在黑暗和潮湿的环境中生长一样。这一定律强调，个人的心理成熟和发展往往伴随着挑战和困境，正是这些困难的经历塑造了一个人的性格和能力。

了解并利用蘑菇定律，可以从以下两方面入手。第一，培养心理韧性，心理韧性是在面对困难和压力时保持积极态度的能力。强化心理韧性有助于我们在遭遇挑战时保持坚定，并从困难中重新振作并不断成长。第二，将挑战视为学习和成长的机会，在困难中寻找新的自我认识和技能提升的可能。

婚姻哪有完美，不要无休止地要求他

婚姻，一个古老而神圣的名词，既让人憧憬又让人畏惧。

有人说，婚姻是爱情的坟墓，也有人说，婚姻是爱情的归宿。

其实，婚姻不过是一面镜子，它反映了千人千面，反映着两个决定携手行走的人。婚姻从来不像童话里那般始终指向完美结局，而是两个不那么完美的人共同书写的现实篇章。婚姻中最重要的一课，就是学会接受对方的不完美，就像接受自己的不完美一样。

有的女性希望另一半能够为了自己做出改变，为了自己稍微妥协。可是，这种要求却容易成为一系列婚姻问题的导火索。毕竟，婚姻不是一场单方面的奔赴，而是两个人的共同旅程。和睦的婚姻需要的不是无休止的要求，而是理解、尊重和支持。

史蒂芬·柯维曾说："先求理解，再求被理解。"婚姻的最终目的，不是找一个能够满足你所有要求的人，而是找一个愿意与你一起成长的人。

在婚姻中，完美不是没有争吵，而是在争吵后仍能

> 要使婚姻长久，就需克服自我中心意识。
>
> ——拜伦

手牵手；完美不是每时每刻都了解对方的心思，而是在误解中寻找通往彼此心灵的桥梁。真正的完美，就是懂得在不完美中，找到属于两个人共同的甜蜜。

路蒂跟老公刚结婚的时候，她只是刚入职一名公司小职员，但老公已经是另一家公司的中层领导了。为了不被落下太多，路蒂开启了"拼命三娘"模式，自己的事业蒸蒸日上。

没过两年，路蒂怀孕了。她犹豫了很久，最后还是决定生下这个孩子。对职场女性来说，决定生育的那一刻往往意味着自己很难再有晋升机会。好在，路蒂的老公看她怀孕辛苦，不但承担了更多的家务，而且工作起来更加努力。宝宝两岁的时候，路蒂老公终于成了公司的高层。

路蒂照顾宝宝，尽管每天忙得焦头烂额，但她还是抽出时间成功考下了教师证。老公升入高层后不久，路蒂也顺利通过面试，成了一名教师。

很多人羡慕路蒂，有一个疼她爱她的老公，很多人羡慕路蒂的老公，有这么一位优秀的妻子。只有路蒂和她的老公知道，他们两个人是彼此成就。

在婚姻里，他们共同进步，也共同成长。

婚姻的美妙之处，在于它为双方提供了一个共同成长的机会。

在婚姻中，你要做的不是改变对方，而是尝试更好地理解对方，尝试在彼此的差异之中寻找到平衡的关键。在这个过程中，你不能要求对方变成另一个人，而是应该鼓励彼此都能成为一个更好的自己。

　　路蒂没有给老公施加压力，而是凭借自己的努力，去追赶另一半的步伐，她靠自己赢得了事业的成功，获得了个人成长，让自己的婚姻充满幸福。

　　婚姻是两个灵魂共同编织的梦，你不需要一个人承担所有，也不能无休止地要求对方。婚姻的智慧，不在于寻找或锻造一个完美的爱人，而在于用完美的眼光看待一个并不完美的人。当你停止追求如电影演绎一般的完美爱情，转而开始欣赏眼前人的优点，并与对方共同进步时，就会发现生活本身就充满了浪漫和奇迹。

　　当然，这并不是让你对婚姻妥协，正如《小王子》中提到的那样："真正重要的东西，用眼睛是看不见的。"婚姻本就如人饮水，冷暖自知，当你觉得自己的婚姻已没有挽救的可能时，你大可以对婚姻放手。但如果你对婚姻和另一半是满意的，只是想要过上更好的生活，那么，你就要学会跟对方一起进步，一起成长。毕竟，婚姻的旅程重要的不是你们将要抵达何方，而是你们是否愿意一起携手走完这段路程。

　　爱一个人意味着看到一个奇迹，一个别人看不见的奇迹。

　　尼采说："婚姻不幸福，不是因为缺乏爱，而是因为缺乏友谊。"钱钟书说："婚姻是一座围城，城外的人想进去，城里的人想出来。"林语堂则说："用爱情方式过婚姻，没有不失败的。要把婚姻当饭吃，把爱情当点心吃。"

　　在婚姻的路上，人人都是旅行者，夫妻双方需携手并肩，才能探索爱与共生的深意。每个人都有缺点和不足，这是人性使然。虽然女性都渴望拥有一段完美的爱情，但世间的完美太过难得，能发现对方那些藏在平凡之中的优点就已经很好。

婚姻始于初见止于终老。愿你亦能在婚姻中，与另一半不畏风浪，携手前行。

自洽心理学

马赫带现象

马赫带现象在心理学中指的是，当个体在评估某一对象或现象时，容易受到周围环境或条件的影响，从而产生相对性的判断。在爱情关系中，这意味着一个人对伴侣的看法和感受可能会受到周围人的关系、社会标准或期望的影响，进而会无休止地要求对方，希望对方达到完美状态。

要突破马赫带现象的影响，有以下几种方法。第一，培养对自身关系的独立评价能力，要学会从他人的意见和社会标准中分离出来，专注于自己和伴侣的实际经历和感受。第二，重视婚姻中的沟通和理解，通过诚实和开放的对话来了解彼此的需求和期望，而不是基于外界的比较标准来设定目标。第三，学会欣赏和感激伴侣的独特之处和婚姻中的美好时刻，而不是不断寻求外在的完美标准。

婆媳之间，更需掌握好那点儿分寸感

不管是古人的座右铭也好，今人家庭群的群名也罢，"家和万事兴"都是一个跳不过的家庭愿景与期许。

古往今来，婆媳关系一直被视为家庭和谐的一大挑战，可归根结底，婆媳关系其实就是一门相互理解与尊重的艺术。只要彼此掌握好那点分寸感，就能让两代女性之间的关系更加融洽，让整个家庭都得以幸福和谐。

那么，什么是婆媳关系的分寸感呢？答案很简单，就是双方都要明白何时该亲近，何时又应保持适当的距离，因为过分的干涉或疏远都不利于关系的长期发展。

> 生活，就是理解。生活，就是面对现实微笑，就是越过障碍注视将来。
>
> ——雨果

每个人都有自己的生活方式和习惯，理解对方的生活背景和价值观是构建和谐关系的第一步。尊重彼此的私人空间，避免不必要的干预，同时在对方需要时提供支持和帮助，这就是保持和谐关系的关键所在。

那娜简直是一个完美伴侣！

从外貌看，她身段婀娜，面容姣好，气质超群。从性情看，她温柔随和，为人幽默，优雅大方。从经济条件看，她不仅收入可观，而且已经靠自己的能力买了车和房。

可是，一个如此完美的伴侣，在那娜婆婆眼中仍然有不少瑕疵。比如，那娜的职业就颇受她婆婆的诟病——那娜是一名拉丁舞老师。

婚前，那娜婆婆受儿子邀请，去看未来儿媳的拉丁舞表演。当她看到那娜穿着闪亮的舞蹈服，化着艳丽的舞台妆，跟几名男舞伴翩翩起舞时，她就不赞同他们的婚事，她认为那娜的职业有伤风化。

那娜婆婆说完，就气哼哼地要走。那娜男友赶忙拉住她："这都什么年代了，人家是正规正经的舞蹈老师，拿过很多国际比赛的大奖呢！你儿子我可是高攀了人家。"

那娜婆婆拗不过儿子，最终不情不愿地松了口。

婚后，那娜婆婆看儿媳更是百般不顺眼，不管是小两口决定先不要孩子，还是那娜每年都要花费大量金钱在护肤品、化妆品和衣物首饰上。一开始，那娜不停地说服自己不要跟婆婆一般见识，可时间长了，她也变得一肚子怨气。

怎么婆媳之间的相处就这么难呢？

在婆媳之间的微妙舞台上，彼此的每一步都似乎是如履薄冰。但只要掌握了那点分寸感，就可以在冰面上翩翩起舞，既能保持优雅，又可以不失平衡。

那娜条件优秀，但在思想保守的婆婆眼中，她却不是一个完美的儿媳。而那娜虽然没有跟婆婆大吵大闹，却索性跟婆婆保持了距离，压根不给彼此一个了解对方想法的机会。长此以往，那娜跟婆婆的关系也将越来越紧张，最后还有可能升级成两个家庭的矛盾，影响小两口的和谐关系。

在婆媳交往中，沟通是十分必要的。婆媳之间寻找到一种共同语言，就如同在两座孤岛之间架设一座桥梁。这座桥梁的构建，不仅需要耐心和智慧，更需要一颗开放和包容的心。

朱自清曾说："沉默是一种处世哲学，用得好时，又是一种艺术。"诚如朱自清所言，有效的沟通是解决婆媳间问题的关键。这不仅仅是关于说什么，更重要的是如何说，以及何时说。很多婆媳关系紧张的原因，都是缺少有效沟通。

有的人心直口快，面对婆婆或儿媳总是表现得坚决不示弱。然而，以"吵赢"为目的的说话方式根本不是沟通，更不是有效沟通。所谓沟通，便要有来有往，有输出也有输入。如果你只顾倾诉，却忘记倾听，那就无法减少误解和冲突。如果你只想让婆婆或儿媳理解自己，却忘记尝试站在对方角度思考问题，那就无法促进双方的理解和接纳。

除沟通之外，婆媳还要在彼此之间寻求一个平衡点，这既是一门艺术，也是一种智慧。以那娜和婆婆的矛盾点——舞蹈来说，那娜就可以将拉丁舞和广场舞联系起来，带婆婆体验一下拉丁舞的乐趣，或者自己跟婆婆一起体验一下广场舞的乐趣。只要愿意给彼此一个寻求平衡点的机会，就会发现对方的世界其实也别有一番风趣。

找到婆媳关系中的平衡点，要求婆媳双方在实践中不断摸索和调整，就像是跳舞时的步伐一样，需要两个人默契地配合。当你不再抵触这种关系，而是愿意站在对方角度看待问题时，那就可以真正做到关系和谐了。

总的来说，婆媳之间的和谐关系，需要双方的共同努力和智慧应对。只要相互理解与尊重，掌握分寸感，有效沟通，建立共同目标，以及保持积极态度，便能化解潜在的矛盾，让"家和万事兴"不再只是一句口号，而是家庭生活的客观写照。

每对婆媳都有可能成为彼此生命中不可或缺的支持与力量，希望大家都能在婆媳关系中做到游刃有余，也让自己的家庭成为充满欢声笑语的温暖港湾。

自洽心理学

超限效应

超限效应是指在人际交往中，适度的行为和表达更容易获得积极的响应，而过度的行为则可能引起反感或适得其反的效果。这一效应强调，在社交互动中找到"恰到好处"的平衡点是非常重要的。特别是在婆媳关系中，过度地干涉或忽视都可能导致关系紧张。

在婆媳关系中利用超限效应，可以采取以下几种方法。第一，了解并尊重彼此的界限。婆婆和媳妇都有各自的生活空间和隐私权，双方都要避免不必要的干预。第二，建立有效的沟通。通过开放和诚实的对话，明确各自的期望和需要，可以避免误解和冲突。第三，培养共情能力，尝试站在对方的立场思考问题，有助于增进相互理解和尊重。

第五章

找到和你同频共振的那些人

只有在人群里，才能认识自己

在生命的长河中，每个人都是旅行者。

当你开启了一段旅程时，就如同一滴水落入湖泊，激起层层涟漪。你在与他人相遇的时候，也会与真实的自己相遇。你用双眼看到了万物众生，也将从别人的身上看见一个完全不一样的自己。

在广阔的世界中，每个人都是独一无二的，正如每一颗星星都有它存在的意义。但这份独一无二，并不意味着天下第一无有第二。每个人小时候都觉得自己是世界的中心，但随着年龄的增长，随着接触人群的多少，人们才开始重新塑造和认识自我。

当然，这并不是什么坏事，在相对闭塞的环境中，你很容易高估自己的能力和成就，因为其中缺乏一个比较的标准。但当你置身人群之中，尤其是置身那些能力和才华汇聚的人群之中，你的优缺点就会在人群的"镜子"中显现出来。这些优缺点会帮助你正视自己，也会成为激发你追求进步和成长的动力。

认识你自己并做自己的事。

——柏拉图

在广阔的人群中，你或许会感到迷茫，或许会因为自己的平凡而懊恼，但正是这样的经历，教会你沉淀，教会你坚韧，更重要的是教会你在人生的旅途中找到自己的方向和意义。当你在人群中找到自己的定位，并带着这份认知走出人群时，你也将成为更加光彩照人的自己。

阿珠第一次发现自己的平庸，是14岁那年去参加夏令营的时候。

在学校，阿珠一直是天之骄女的存在。她学习成绩好，家庭条件优越，待人接物也十分成熟，如果她不参加那次夏令营，或许，她会一直觉得自己就是天之骄女。

可是，去夏令营的当天，她天之骄女的梦就破碎了。

那是一场面向全国的青少年科技夏令营，第一站是北京科技馆。到了A馆门口，恰好一位国际友人前来问路，同夏令营的女孩儿落落大方，用一口流利的英文跟国际友人相谈甚欢。不仅如此，其他参加夏令营的孩子也都有一口地道且流利的英语口语，只有阿珠，她虽然英语成绩一直很好，但却几乎没有说口语的机会，同行孩子们流利的英语口语，深深刺痛了阿珠的心。

后来，阿珠考到了省重点高中，在省重点高中里，阿珠原本全校第一的成绩成了中下游，而且，那些排名靠前的同学不仅成绩比自己优秀，眼界和知识面也比自己广阔得多。

等阿珠上大学的时候，她更加确信自己根本不是什么天才。至少，跟那些真正的天才相比，自己就是一个稍微聪明一点的普通人。不过，此时的她已经逐渐接受了这一点，同龄人的优秀也不再让她感到吃惊。

有时候，阿珠很庆幸自己参加了那次夏令营。否则，自己就不会知道人外有人、天外有天。

是啊，平庸又如何？只要认清自己，只要愿意努力，又怎能不会直挂云帆济沧海？

在人生的舞台上，每个人都在尽力演绎着自己独特的角色，而人群则是这个舞台上不可或缺的背景。人群不仅能为你提供一个展现自我、发现自我的平台，也能为你提供一面能够照见内心的镜子。

在这面镜子前，你能够从自己接收到的信息中学习，也能从别人的反馈中学习，在这样的互动中，你也得以更加深刻地认识自己，理解自己。

阿珠虽然经历了自我价值的怀疑，但这些经历最终成为她成长的催化剂。她学会了谦逊，学会了在人群中寻找自我，更重要的是，学会了欣赏他人的优秀并将其转化为自己前进的动力。这种自我认知的过程，虽然充满挑战，但也极其宝贵。

平庸不是终点，而是出发点，人生则是一场漫长的学习和成长之旅。

在这个旅途中，每一次的自我超越都是对生活的美好回应。只有在人群中，你才能学会真正地认识自我，才能在认识自己的过程中，勇敢地成为更好的自己。

不过，虽然人群能够提供反馈和启示，但你的价值和自我认识并不能完全依赖于外界的评价和比较。真正的自我认知，源于内心深处对自己的评价和理解。人群只能帮你修正认知，却不能成为你认知自我的唯一来源。

真正的成长，是在认识到自己平凡之后，仍然选择用非凡的勇气去生活。在这个旅途中，愿我们都能找到属于自己的位置，成为自己生命中的英雄。

自洽心理学

磁场效应

磁场效应指的是人们倾向于吸引与自己具有相似特质或价值观的人，或被对方吸引。这种现象表明，个人的性格、态度、信念等内在特质会像磁场一样吸引相似的人进入他们的生活。这也就意味着，在日常生活中围绕在我们身边的人很大程度上反映了我们自己的内在世界。

要利用磁场效应，可以从以下三方面入手。第一，要增强自我认知，通过了解自己的性格、价值观和行为模式，可以更清楚地识别哪些人与你相似，从而更有意识地建立关系。第二，通过积极地自我提升和发展，吸引那些能够促进你个人成长的人。第三，学会在不同的社交环境中观察和分析，哪些人的特质和行为模式与你相似或不同，进而帮助你更深入地了解自己。

能翻脸，是一段关系的底线

很多人觉得，对女性子来说，不能翻脸是一段关系的底线。但其实，女性的情感关系并没有那么脆弱，不如说，对女性而言，能翻脸才是一段关系的底线。因为，能翻脸标志着一段关系中的一个重要底线——真诚与坦率的沟通。

当然，这种底线并不是为了推开对方，而是为了确立一个明确的界限，告诉对方"在这条线以前，我们都是可以自由表达意见的；跨过这条线，我们的关系就会受到伤害。"这是一种健康的界限，也是相互尊重和理解的基础。

试想一下，无论是友情还是爱情，如果双方都无法表达真实的不满和分歧，只是为了维持表面的和谐，而压抑或忽略内心的真实感受，那这样的关系毫无疑问是脆弱的，因为它建立在避免冲突而非解决冲突的基础上。反之，如果双方能够在遇到问题时坦诚面对，哪怕是通过一次激烈的争吵，这样的翻脸其实恰好是在重申、巩固彼此之间的界限，是在提醒双方："到了该重新审视和调整相

> 友谊最致命的病患是逐步冷淡，或是嫌怨不断地增加，这些嫌怨不是小得不足挂齿，就是多得无法排除。
>
> ——塞缪尔·约翰逊

处方式的时候了！"

这种"翻脸"，反而能保护这段关系的健康和长久。

莉莉安嫁给王浩然的第一年，就发现了王浩然根本不是一个浪漫的人。

"我觉得，我们每周都要看一次电影，而且，在电影院看电影，跟在家看电影感觉是不一样的。去电影院看电影，是对我们爱情升华的投资。"王浩然深情的话语犹在耳边。可现实却已经变成了"几十块钱的电影票不如等免费资源"。

莉莉安打量着歪在沙发上打游戏的王浩然。都说大部分男人婚前婚后两个样，这话果然不假。婚前，王浩然的浪漫和小心思显然都是一种谋略，婚后，这种谋略就成了"几十块钱的电影票"，不值得再为两人的爱情做投资了。

"浩然，我们谈一谈。"莉莉安将胳膊交叉抱于胸前。

"嗯？"王浩然显然没有意识到此时的平静不过是暴风雨来临之前的征兆。

莉莉安压了压火："我们多久没看电影了？"

王浩然有些心不在焉："最近也没什么值得去电影院看的啊，等有资源了再看呗。"

"之前是谁说的每周都要去看电影？"莉莉安说道。

"那不是还没结婚吗？"王浩然开始心虚。

"好啊，王浩然，你婚前说得那么好听，这才结婚没几天，你就现出原形了！"莉莉安越说越气，干脆把门一摔，出去了。

可，不就是一场电影吗？

但，不就是一场电影吗？

王浩然赶紧穿上鞋追了出去。

在每段重要的人际关系中，寻找彼此的平衡点都很重要，有时候，一件看似无足轻重甚至有些可笑的小事，反而会成为影响一段关系的重要因素。

莉莉安喜欢浪漫，王浩然则对浪漫不太在乎。但为了迎合莉莉安的喜好，他愿意把自己包装成一个浪漫的人来抱得美人归。

看电影这件事对王浩然来说，只是件无关痛痒的小事。不做，不会变得更开心；做了，也根本不觉得抵触。为了寻求他和莉莉安之间的平衡点，他愿意用一场电影去哄莉莉安。对莉莉安来说，看电影却是关乎浪漫的大事，她为了捍卫浪漫，选择跟王浩然翻脸。最后，她捍卫了看电影的乐趣，让王浩然履行了曾经的诺言。

一场翻脸，反而双赢。

其实，从情感安全感的角度来看，能够翻脸的关系能够为双方提供一个安全的环境，让双方都能够展示自己最真实的一面。对女性来说，这种安全的环境尤其重要。在这样的关系中，你不需要不断隐藏自己的不满，或是压抑、掩饰自己的情感，因为这段关系足够强大，足够承受你合理的诉求。而这种能够翻脸的安全感，也是你发展一段稳定、深入关系的基础。

从自我成长的角度来看，冲突和分歧则为你提供了自我反思和改进的机会。你在一段关系中遇到的各种问题，会迫使你停下来思考：究竟是什么导致了这个问题，以及你自己在这个过程中扮演了什么角色。通过这种自我反思，你不仅能更好地理解自己，也能学习如何以更健康的方式与对方相处。这个过程虽然可能会伴随着痛苦和挑战，但也是个人成长和情感成熟的重要途径。

"翻脸"并不是鼓励冲突，而是强调在冲突中寻找成长的可能，通过建立界限保护自我，同时通过同理心和沟通维护和深化关系。这需要你在情感上比较成熟，也需要你在处理人际关系时拥有足够多的勇气。

毕竟，在人际关系的海洋中，真正的亲密不仅是共享欢笑和阳光明媚的日子，更在于能够一起经历风暴，共同面对分歧和冲突。

有时候，能够翻脸，恰恰是一段关系真实和成熟的体现。它意味着双方都足够信任对方，敢于展示自己最真实的一面，哪怕这会带来短暂的冲突和不快。每一次的翻脸与和解都是关系中的一个深化过程，是深化了解和增强彼此联系的重要途径。

在这些看似艰难的时刻中，你恰恰是在为这段关系铺设更为坚实的基石。

自洽心理学

"登门槛"效应

"登门槛"效应描述了人们在答应较小请求之后，就容易答应更大请求的心理现象。在人际交往中，人们通常会用小要求、小冲突来试探对方的底线，一旦这些小要求被对方接受，人们便会提出更大的要求；一旦这些小冲突被对方原谅，人们便会引发起更大的冲突，一直到试探出对方的底线为止。

要突破"登门槛"效应并防止对方得寸进尺，可以通过如下两种方式进行。第一，率先明确自己的立场和底线，以此为基础与对方进行交往。第二，在感到自己被冒犯时，坚决不给对方再次试探自己的机会。突破"登门槛"效应有助于探明彼此界限，从而构建一个更加均衡和健康的关系。

伤人的不是你的拒绝，而是你多余的解释

在人际关系的织网中，每个人都既是线条，又是编织线条的人。

A=x+y+z。A代表成功，x代表工作，y代表休息，z代表少说废话。

——阿尔伯特·爱因斯坦

人与人或主动，或被动地相互连接，然后共同构建出复杂而美丽的图案。

然而，就像编织一件衣物时，过多的线头会使成品变得杂乱无章，在跟朋友相

处时，过多的解释也会引起误解和不必要的猜疑。

你可以想一想：自己跟最亲密的朋友是如何相处的，是否会常常将"你好""谢谢"等词语挂在嘴边？相信大多数人都不会这样，因为这些词语很少会被用于亲密关系中。

在友情或任何形式的人际关系中，真诚是最好的语言。你需要信任你的朋友能够理解和接受你的真实意图。如果在你的眼中，友情需要用一些客套的词汇来维护，那就证明你对这段友情并没有十足的信心，这种缺乏信心的表现反而会伤害到彼此的关系。

除了这些表示谦虚客套的词汇外，过多的解释也会让你显得信心不足，特别是在不需要多余解释的时候，你的反复解释还可能传递出你对对方理解能力的怀疑，甚至会无意中表达出你认为对方不会轻易接受拒绝的假设。这不仅会伤害彼此的感情，也会破坏双方的信任基础。

黛丝跟美琪从小一起长大，是最好的朋友。高中毕业后，两个人去了不同的大学。大学毕业后，黛丝在北京做了化妆师，美琪则回到家乡成了一名小学教师。随着两个人的朋友圈不断扩大，黛丝和美琪的联系也越来越少。

这天，黛丝正为了两周后的出差忙得焦头烂额，美琪却突然给她发来一个结婚邀请。黛丝犹豫了好久，还是给美琪发去了微信："对不起宝贝，我那天出差，而且是我带项目组，实在没办法请假。"美琪很快回了一条微信："没关系的。"并且配了两个笑脸。

美琪不会多心吧？黛丝想道。

"我真的很想去见证你的幸福，但真的走不开。我们领导点名让我带队。"黛丝接着解释。

黛丝怎么这么客套？美琪想道。

"真没事，有空回来我们再聚。"美琪回道。

美琪会不会觉得我在找借口？黛丝想道。

"这段时间公司订单多，实在是太忙了，走不开。"黛丝继续解释。

没想到我们变得这么生疏，她为什么要一直解释，是怕我不信吗？美琪有些伤感。

她没有再回复黛丝。

其实，她们仍然将对方看作自己的好友，只是，她们为了不让对方伤心而过分客套，结果反而伤了彼此的心。

在人生的长河中，你与他人的交往构筑了你的世界。那些能塑造你与他人之间深刻关系的，往往是如同水滴石穿的轻声细语，而非偶然一次的雷霆万钧。在人际交往的艺术中，简洁的美德远胜于复杂的修饰。

真诚的简单永远胜过虚假的复杂，当你必须说"不"的时候，过多的解释就如同在清澈的水面撒下沙粒，反而会模糊彼此之间的信任。黛丝因为许久不跟美琪联络，便下意识地在二人之间构建了一堵墙，这堵由疑虑构成的墙也让黛丝和美琪的心逐渐分离。黛丝的反复解释，本意是为了表达她的歉意和对美琪的重视，却让美琪感受到了距离和生疏，在两人之间，原本坚实的友情因为过多的解释而开始显得脆弱，实在令人遗憾。

每个人在人际交往中都会面临选择和拒绝的情境，但对好友来说，拒绝本身并不可怕，拒绝也不是友情的终结，它只是表达个人意愿的一种方式。当你需要对朋友表达拒绝时，与其遮遮掩掩再三解释，不如勇敢而直接地说出来，毕竟在真正的友情中，你根本无须通过过多的解释去赢得对方的谅解，因为真正的朋友会理解你的难处和选择。不过，如果你实在担心自己的拒绝会伤害对方，那么你也可以尝试如下两种方式。

第一，将拒绝的重点放在遗憾上。在拒绝好友时，多表达你的遗憾，同时稍微提一些客观理由，就能让对方愉快地接受。如果黛丝能够将重点放在表达自己的遗憾上，而不是解释自己有多忙，相信美琪也会更容易理解黛丝，两个人的友情也不会因为过多的解释而受到冲击。

第二，在拒绝之后，提出一些解决方案与建议。还是以黛丝为例，虽然她实在没有时间去参加美琪的婚礼，但她完全可以告诉美琪，等自己出差回来，一定亲自去找美琪小聚，弥补不能见证好友婚礼的遗憾。当你为好友提出解决方案或建议时，好友也会更加明白你对这份友情的重视。

亲爱的，女性的友情既不脆弱，也不虚假，它如同沉浸在清澈湖水中的一颗水晶，虽然并不浓烈炽热，但温润得恰到好处。所以，对彼此的友情多一些信任，少一些猜疑；多一些理解，少一些忧思。因为岁月悠长，因为我们刚好。

自治心理学

奥卡姆剃刀定律

奥卡姆剃刀定律，在心理学中被解释为在解决问题时，应避免不必要的复杂性，选择最简单的解释和方法。这一原则认为，在有多种可能的解释时，最简单直接的解释往往是最正确的。在人际交往中，过度解释或复杂化问题往往会导致不必要的误解和困扰。

利用奥卡姆剃刀定律，可以采用以下三种方式。第一，学会简洁明了地表达自己的观点或决定，避免过度解释。第二，在表达拒绝时，直接而大胆地说明理由，不必提供过多细节。第三，避免在不必要的细节上纠结，专注于沟通的核心内容。

建议你来提，决定我来做

漫漫人生路，每个人都是自己命运的舵手。在人生旅途中，你会接触到各种各样的建议，接收到五花八门的意见，这些建议和意见有的是他人的经验，也有的是不值一听的闲言。你需要做的并不是听之任之，而是拍板决策。毕竟，人生是一场肆意畅快的旅行，而不是别人为你设定的路线图。

在这场人生旅途中，或许你会因为遵循他人建议而发现新的路径，但每一步的脚印，每一个转弯的选择，都应由自己决定。你的决定，让你的旅途充满了探索的意义和个人鲜明的色彩。智者的选择，就是在听取众声之后，依然能遵循自己的内心。

> 有些东西，并不是越浓越好，要恰到好处。深深的话，我们浅浅地说，长长的路，我们慢慢地走。
>
> ——毕淑敏

建议你来提，决定我来做，这不仅是对外界的一种声明，更是对自己独立性的肯定。在成长的过程中，学会独立做决定是非常重要的。它不仅意味着你能够承担起选择的后果，更意味着你想要走出一条属于自己的道路。当你开始依靠自己的力量时，才发现自己远比想象中还要强大。

然而，生活并非童话，很多女性都会在各种各样的建议和意见中迷失自我。这份迷失不仅让她们被生活折磨得焦头烂额，也让她们陷入很深的痛苦中。

阿芙不相信自己的运气会这么不好。

她窝在沙发里，试图找出自己运气不好的根源。事情究竟是从哪一步出现的偏差呢？

两年前，她被同事推荐买了礼券，结果把多年积蓄全部赔光。为了弥补损失，她又听了亲戚的建议，借钱投资了红木家具，结果落入骗局，自己的钱和亲戚的钱全部打了水漂。阿芙越来越浮躁，越来越想赚快钱，一不小心又被朋友劝去借了消费贷，现在雪球越滚越大，阿芙也因此患上了中度抑郁症，整晚睡不着觉。

为了赚钱，阿芙仿佛完全失去了独立思考的能力。身边人一推荐，她就立马"心动不如行动"，结果却落得这般下场。

如果最开始不听同事的劝告，如果后面不理会亲戚的邀请，如果最后不接受朋友的建议……可惜，这世界上没有后悔药，再多的如果，也拯救不了没有主见的阿芙。

在生活中，你一定也如阿芙一样时常遇到各种各样的建议和意见。可是，这些建议和意见并不是沿途的路标，总能指引你向正确的方向前行。所以，你内心一定要有一枚指南针，要有一杆权衡利弊的秤，切勿仅凭外界的声音做决定，否则一不小心就会得不偿失。

自我决策的能力是每个女性朋友都应该拥有的宝贵财富，在权衡建议和意见的过程中，你不仅能学会如何正确面对生活的挑战，更能学会如何在挑战中成长和进步。

每个人的建议都可能基于他们自己的经验和视角，这些经验和视角未必适用于你的情况。但是，当你学会问自己如下两个问题时，就会相对冷静地进行权衡，最后选出当下最优的解决方式。

第一个问题，"这是我真正想要的吗？"

当朋友鼓吹一件事情或一件产品时，大多人都会被吸引，然后为朋友的建议或意见买单。但冷静下来想想，朋友推荐给你的东西真的是你想要的吗？朋友邀请你一起买蓝莓汁，并大力鼓吹蓝莓汁的护眼功能。可你原本就不喜欢蓝莓，视力更是好得出奇。此时，你若不是为了帮助朋友增加业绩，那还是不要为朋友的推荐买单了。

第二个问题，"这个决定对我来说真的合适吗？"

很多女性朋友都容易被理财产品或美容产品吸引，但她们却忽略了一点，那就是这些东西是否真的适合自己。有些女性原本就皮肤白皙，却为了一些美白产品投入了大量时间和金钱，最后得到的效果也是非常有限。女性朋友一定要对自己有一个客观正确的认知，这种认知会帮助你考量朋友的建议是否真的能够帮助你。

人生如一张五彩斑斓的画卷，它的色彩和线条，都应该由你本人进行绘制。当你以一颗冷静和理智的心面对生活中的每一个建议和选择时，就会发现世界也会变得理性起来。亲爱的，请勇敢地拿起人生的画笔，尽情绘制一幅独一无二的绚丽作品吧！

自洽心理学

证人的记忆效应

证人的记忆效应在心理学中指的是证人对于目击事件的记忆如何被形成、保持、提取，以及这些记忆如何受到各种心理和环境因素影响的现象。这个效应强调了证人记忆的非线性特征和潜在的不可靠性。在日常生活中，他人在提出一些建议时，会受到各种心理和环境因素的影响。

要突破证人的记忆效应，可以从以下三个方面入手。第一，在考虑他人的建议时，首先要评估信息来源的可靠性和准确性，不依赖单一来源的建议，而是尽可能从多个不同的来源收集信息和观点，以做出准确决定。第二，虽然他人的建议可以为人们提供宝贵的见解和不同的视角，但最终的决策应基于个人的独立思考，要用逻辑和理性分析建议的合理性，避免情绪化的反应或是盲目跟随。第三，要学会在必要时委婉地拒绝他人的建议，尤其是当这些建议与个人的目标和价值观不符的时候。

别羡慕，她的光芒并不适合你

当你点开朋友圈时，当你开始用手指滚动屏幕时，各种各样光鲜亮丽、耀眼璀璨的生活就会出现在你眼前。那些令人心向往之的风景，那些温馨可爱的日常，那些精致漂亮的自拍照……似乎每个人都在过着你梦寐以求的生活。在点赞的时候，相信你也很难不被对方那看似完美无瑕的人生深深吸引。

可是，点赞之余你是否思考过，对方的光芒，真的适合你吗？

在这个纷繁复杂的世界里，每个人都在追逐自己的梦想和目标。在你朋友圈里

> 只有每天不得不为自由和生活而奋斗的人，才配享受自由和生活。
>
> ——歌德

大放异彩的那些人，他们表面上从事着自己热爱的工作，过着无忧无虑的生活。但你有没有想过，这些光鲜亮丽的背后，其实隐藏着的都是他们所付出的心血和努力。他们之所以能够晒车晒包晒房产证，都是因为他们有超乎寻常的韧性和毅力，愿意经过无数次的失败和挑战来获取成功。这些经历不可复制，唯有一番彻骨寒，方得梅花扑鼻香。

若是你，你能否愿意像他们一样努力拼搏？若不愿意，你又如何复制他们的成功呢？

只有当你愿意吃得了别人吃不了的苦时，才能够享受到别人享受不到的甜。每一个成功的人都有他们自己的故事，每一个人也都有自己的选择和生活方式。不要盲目地羡慕别人，专注于自己的路，才能让自己活得璀璨明亮。

毕业后，真真每天的生活就是起床、吃饭、刷剧、睡觉。偶尔爸妈看不下去，会吐槽真真两句，但吐槽过后，还是拗不过真真不想工作的念头。

"你俩退休金加起来一万多元，咱们仨花足够了。"真真有自己的一套理论，"我出去找工作，一个月工资才三千多，何必呢？

再说，我就在家陪你俩不好吗？"真真爸妈叹了口气，最终还是决定随她去。

最开始的两年，真真过得又舒服又惬意。看着朋友圈里吐槽工作的打工人小伙伴们，真真觉得自己的决定简直太明智了。可又过了两年，真真翻着朋友圈开始焦虑起来。曾经那个跟自己一起入职，并坚持下去的小伙伴已经升职了。真真小心翼翼地试探了一下，对方月薪竟然拿到了九千多元。而另一个大学同学，毕了业就留在北京没回家乡的小伙伴，现在年收入有二十多万元，光税就交了一万多元。

慢慢地，真真开始抵触刷朋友圈。她羡慕大家的光鲜亮丽，也觉得自己跟大家之间的差距越来越大。终于，在她26岁的时候，真真终于忍不住决定去找份工作。

曾经，她最羡慕剧里那些英姿飒爽的女白领，可等她自己去做时，才发现女白领可不是谁都能当的。几经辗转，终于有一家公司愿意接收有四年事业空白期的她，真真铆足了劲儿，希望能早日追上大家。

这么多年，真真已经松弛得够长了，不，不应该说松弛，而应该说怠惰。现在的真真，只想做出一番事业，以弥补曾经的年少无知。虽然现在真真的事业还没有开始，但她已经不再抵触看到同龄人的光芒。因为她知道，自己迟早有一天，也会变得如她们一般光芒万丈。

生活中，很多女性都会遇到这样的问题："你过得快乐吗？"每当遇到这样的问题时，她们都会笑着回答："当然，我有过许多快乐的时光。"可是，如果你的问题变成"你过得轻松吗"，大部分女性都会开始沉默。

女性为什么要努力？其实答案往往很简单——为了让人生可以过得轻松一些。毕竟，努力的真正意义在于减轻而非增加生活的负担。

不过，虽然现在社会强调经济独立的重要性，但这并不意味着完全将快乐与金钱绑定。努力并非仅局限于工作和社会地位的提升，平凡的世界、平静的生活同样值得我们努力为之奋斗。女性应当避免被"金钱至上"的观点误导，这样才能寻找到真正让我们心甘情愿为之奋斗的事情。

经济基础确实重要，但即便在经济条件有限的情况下，只要不懒惰，养活自己也并非什么难事。所以，亲爱的，我们一定要懂得，努力并不意味着一定要达到某种社会定义的成功，毕竟生活的意义和幸福的真谛是远远超出物质范畴的。

有时候，我们很容易被那些光鲜亮丽的选择蒙住双眼，认为别人光芒四射的生活就是自己所追求的，可无论是追求财富还是满足于基本的生活需求，每个人愿意为之奋斗的事物都是不同的。当然，如果你确定对方的光芒正是你所需要的，那就不要迟疑，去抓住那份吸引你的光芒，并努力让自己闪闪发亮。

每个人的内心深处，都蕴藏着无限的潜能和独特的光芒，等待着自己去挖掘和释放。愿我们都能成为自己生命中的太阳，无论在何处，都能照亮自己前行的路。

长板效应

长板效应是指在个体的多种能力和特质中，强项的表现远远优于其他方面。这一效应强调了专注于发挥自己的优势和特长，以取得更好结果的重要性。在许多情况下，过度关注弱点会分散精力，而专注于长处则可以帮助个体在特定领域获得杰出成就。

要利用长板效应，可以从以下三方面入手。第一，要识别自己的强项和擅长领域，了解自己在哪些方面具有出色的能力和独特的特质。第二，要专注于发挥这些强项，将精力集中在能够最大限度发挥优势的领域上，而不是盲目模仿他人。第三，要建立自信，相信自己的强项能够为自己带来成功。

为什么有人喜欢在朋友圈刷屏

现如今，社交媒体为人们提供了一个展示自己的舞台，让每个人都有机会发光发亮。可是，如果过分沉迷于虚拟世界的光芒，就会忽略真实世界中的自我提升。

社交媒体上的互动往往是快速而浅显的，虽然这种互动方式能够给你带来短暂的快乐，也能让你暂时获得浅表性的人际交往。在社交平台点赞和留言，能获得对方的认可，却也容易使你沉迷于人们的认可中。

> 名誉和美德是心灵的装饰，要没有它，那肉体虽然真美，也不应该认为美。
>
> ——塞万提斯

生活不是展示给别人看的表演，而是自己体验和感受的旅程。使用社交媒体分享生活的片段，寻找共鸣和认同，这本身是无可厚非的，但社交媒体上的虚拟认可并不能成为评判自我价值和生活幸福的唯一标准，当你在朋友圈刷屏寻找存在感的同时，也容易让自己变得患得患失。

对大部分女性来说，她们总是渴望自己被看见。在无尽的信息流中，自己的声音能够被听见，自己的生活能够被关注，这是一件值得骄傲和开心的事情。可是，如果因为这种渴望被看见的心理而频繁地更新朋友圈，不但不能为自己带来真正的满足感，反而会引起朋友的反感和疏远。

怎么一个小时过去了，还没有人给我点赞？

依祺划着屏幕，有些不可置信地腹诽道。难道，我转发的这些新闻大家都不感兴趣吗？依祺皱着眉头。

生活太无聊了，依祺躺在沙发上有些悲戚。难道，大家连朋友圈点赞都不肯给自己吗？这真是太令人悲哀了。想到此处，依祺忍不住又发了一条朋友圈，吐槽了一下世态炎凉，发完便去睡觉了。

竹子忙完一天的工作，闲来无事打开手机："依祺是闲得没事做吗？怎么每天都发这么多条朋友圈。"

橘子做了一桌子好菜，准备发朋友圈的时候也皱起了眉头："依祺每天发这些东西，有什么意义吗？"

茉莉想给朋友分享自己去龙门石窟的照片，当她打开朋友圈，满屏都是依祺的转发和感慨，她二话没说，直接屏蔽了依祺。

依祺想获得别人的肯定，却忘记了生活原本就是过给自己的，如果太过在意别人的评价和目光，反而会迷失自己。

数字化时代，社交媒体是人们表达自我和连接外界的重要渠道。然而，在别人的赞许中寻找自我，这原本就是一场无止境的追逐。

依祺对点赞的渴望，实际上是对自我价值认同的追求。但是，当这种追求过度依赖于外部评价时，她反而陷入了另一种困境：忽视自我价值的内在建构，过分依赖于他人的反馈来定义自己。这让依祺变得焦虑和不安，甚至破坏了她真实的人际关系。

依祺最初的意图可能是想通过社交媒体分享生活，但在过度追求关注的过程中，她忘记了享受生活本身的乐趣。我们不是为了社交媒体而活，而是为了更丰富的人生体验。

从根本上看，社交媒体不过是一种手段，而不是生活的全部，如果无法保持健康社交的习惯，反而会让数字世界的虚荣心影响到你在真实世界中的幸福感，得不偿失。

每一次点赞，都像是对自我价值的一次肯定。在朋友圈刷屏背后，流转的是人们对这种价值肯定的渴望。从心理学角度看，这种渴望反映了当代社会中普遍存在的认同感危机。而想摆脱这种认同感危机，只需在现实生活中培养自我价值感即可。

你可以学一些新技能，可以在工作中取得一些成就，可以去邂逅一些人和事，这些都能让你逐渐脱离数字世界的束缚，转而关注一个真实的自己。

亲爱的，在这个数字时代中，保持内心的平静比维护虚拟形象更重要。虚拟的赞赏永远不会等同于现实生活中的拥抱。当你摆脱社交平台的桎梏时，就会发现和暖的微风美妙，窗外的阳光正好。

自治心理学

曝光效应

曝光效应是指通过频繁暴露自己于他人的视野中，增加他人对自己的喜好和认知。当人们反复看到某人的存在或信息时，他们更有可能对这个人产生好感或记住他。在社交媒体和日常生活中，曝光效应也发挥着重要的作用，这也正是朋友圈如此吸引人的原因。

要充分利用曝光效应，有以下几种方法。第一，保持积极而有意义的曝露，不仅要频繁出现在朋友圈或社交媒体上，还要分享有价值、有趣或有深度的内容。第二，要与他人互动和交流，回复评论、点赞和分享，可以建立更密切的联系。第三，要确保曝光是自然的，不要过于刻意或过分自我宣传，以免引起反感。

第六章

职场女性，学会给
自己一点儿松弛感

成年人的高级自律是断舍离

你是否有过因为一段令人头痛的关系而把自己弄得身心俱疲的经历？

或许是因为老好人的性格，在公司吃了不少的亏；或许是因为碍于面子，被迫听了朋友很多吐槽；或许是因为想获得赞美，不情愿地帮了很多的忙……

人们常说，"只要功夫深，铁杵磨成针""路遥知马力，日久见人心""你的滴水之恩，他日后必定涌泉相报"。可事实上呢？大概率是"费力不讨好"。

经济学上有个词，叫作沉没成本。

举个例子，三个人去餐厅吃饭，餐厅正好搞活动——只要消费满200元，就可以赠送一道菜。三个人点了180元的菜，可是，这里的菜每一道都非常难吃。这时，一人苦着脸说道："要不，我们再点20元的菜，这样可以额外多得一道菜。"而另一人则表示反对："我们已经在这家难吃的餐馆里浪费了180元，就算你再点20元，我们也不过是多吃一道难吃的菜而已，真没有必要再浪费，还不如直接走人。"

> 天下本无事，庸人扰之为烦耳。
>
> ——欧阳修

这里的"180元"就是沉没成本，用专业术语讲，沉没成本就是指那些已经发生了的，不能由现在或将来的任何决策改变的成本。而那些已经拖累你现实生活的关系，其实就是你的沉没成本。

米米进入心仪的公司后，发现同办公室的人竟然是她的大学学姐。

米米跟学姐打招呼，学姐也表现得非常热情。很快，两个人就成了无话不说的好同事加好闺密。

没过几天，学姐对米米说道："对了，你大学的时候是不是文学社的？我记得你文笔很好。"米米点点头："学姐，没想到你连这个都记得。"学姐双手合十央求道："米米，你文笔好，这周的周报顺手帮我写了吧，改天请你吃饭！"米米内心天翻地覆纠结了一秒钟："好，可以呀。""太好了！"学姐给了米米一个大大的拥抱。

从此，学姐的周报、月报、年终总结甚至竞标文案都成了米米的负担。有好几次，米米都想拒绝学姐的要求，但话到了嘴边还是没能说出口。最后，米米为了摆脱学姐，不得不辞掉了心仪的工作。可没想到，学姐还是频繁在微信上找米米帮忙，米米感觉自己身心俱疲，但又不知道如何摆脱这段令人头痛的关系。

正所谓"凡是过往，皆为序章"。及时止损，懂得适时断舍离才是成年人最高的自律。

自律可以让人更好地管理自己的生活，并朝着更有意义、更高质量的生活迈进。那么，当一段关系让你感到身心俱疲时，你应该如何做到及时止损呢?

第一,筛查你的"朋友圈",看他们带给你什么样的感受。

成年人的人生已经走过了小半,但仍然有些女孩不懂得如何区分"错的人"。其实,只要稍微感觉一下就可以得到答案。在对的人身边,或许你的情感不会有太大的波澜,但在错的人身边,你肯定会有或多或少的疲惫感。远离那些带给你负能量的人,才能开启接下来的快乐人生。

第二,断舍离之前告诉自己:"坏事越早发生,好事才会越早到来。"

其实,让成年人疲惫的不良关系无非以下几种:

生活上——遇到坎坷不如摆烂,割舍掉让自己痛苦消沉的东西。

工作上——与同事关系不好,与上司关系紧张,与公司气场不合,能解决就解决,解决不了就换个地方重新开始。

感情上——与其和玩弄感情的人山高水远,不如寻找下一个让你魂牵梦萦的良人。

人生本就是"各有渡口,各有归舟",如果只为眼前的坏事懊恼,而不做出行动改变情况,那好事就不会来敲门。当你不疾不徐,拿出勇气跟不良关系说再见的时候,相信生活就会给你惊喜。

知名诗人汪国真曾说："凡是到达了的地方，都属于昨天。哪怕那山再青，那水再秀，那风再温柔。太深的流连便成了一羁绊，绊住的不仅有双脚，还有未来。"人们总是太过留恋所谓的"羁绊"，导致在无意间被绊住脚，拖得自己无法前行。如果你正在经历一段错误的羁绊，那么请放过自己，然后重新开始一段更好的生活吧！

自洽心理学

职业倦怠

职业倦怠是心理学中一种常见的效应，也是工作压力和心理疲劳的一种体现，通常由过度的工作负担、长时间的工作和职业满足度不高等因素引起。在追求职业成功的过程中，我们需要学会在工作中放过自己，以避免长期的职业倦怠。

要远离职业倦怠，有以下几种方法。第一，认识到工作并不是一切，而是生活的一部分，要学会设定合理的工作目标，避免过度压力。第二，要学会放松和休息，规划工作时间和休息时间，保持身心的健康状态。第三，要培养自己的兴趣和爱好，寻找工作之外的乐趣和满足感，来缓解工作压力。

你需要学会表达愤怒，但不需要愤怒地表达

气收自觉怒平，神敛自觉言简，容人自觉味和，守静自觉天宁。

——陈继儒

愤怒是每个人都会有的正常情绪，可偏偏有些人觉得，愤怒这种情绪是不该存在的。于是她们拼命克制，拼命忍耐，最后忍无可忍，成了大家窃窃私语中的那个"被逼急了的老实人"。有人会将压抑愤怒的行为解释成"唯沉默是最高的轻蔑"，但现实中却很少有人能读懂这种轻蔑。

相信大家不时会看到这些情况：一个平时寡言少语的女孩突然情绪崩溃，开始歇斯底里；这件事明明是她做得不对，但她却表现得比任何人都生气，仿佛这件事完全不是她的错；一位母亲在公共场合冲着孩子大吼大叫，向周遭人证明自己"教子有方"。

其实，与其说这些情况是在表达愤怒，不如说她们是在愤怒地表达。

突然情绪崩溃的女孩，大概率是因为平时经常忍住怒火，却在怒火值不断上升的情况下，碰到了压垮她的最后一根稻草。做错事的人，则很可能是因为害怕承担责任，所以用愤怒的表象来弱化自己的错误，以便让大家原谅自己。至于那位母亲，只是在通过愤怒地表达，来告诉众人"我已经尽力了"，顺便安慰一下自己"我都

做到这个程度了，还要我怎么样呢"。

她们赢了吗？并没有。

为什么这么说呢？

第一，她们确实生气了。

第二，她们在表达愤怒的方式中，选择了下下签。

悠悠下了早班，原因无他，这个工作是一分钟都做不下去。此时，她正安安稳稳地坐在地铁上，却没想到又一场试炼即将开始。

电车门打开，上来了一对母子。妈妈一上车就坐在对面玩手机，小男孩则十分调皮，一直在车厢里大声吵闹，悠悠觉得很烦闷，但她并没有说什么，只是默默戴上耳机，刷起了视频。

过了一会儿，淘气的孩子开始对周遭的大人挑衅，一会儿故意用玩具车撞站着的人，一会儿又蹲在地上解乘客们的鞋带。

大概是觉得悠悠好欺负，男孩先是靠在悠悠腿边，试图去看悠悠的手机。悠悠压着怒火没有理他，小男孩得寸进尺，开始在悠悠腿边滚来滚去，想要引起悠悠的注意。

悠悠本以为只要不理这孩子，他就会对自己失去兴趣，谁知，这孩子却冷不防一把抢过悠悠的手机摔在地上。一向以好脾气著称的悠悠终于忍不住爆发了，她一下把孩子推倒在地。

小孩倒是不闹了，但之前一直在玩手机的妈妈却不干了。她一把揪住悠悠的领子就要理论，身边那些原本嫌弃小男孩的大人也转变了风向，纷纷对悠悠评头论足，称她不该对一个小孩动手。

悠悠觉得一个头两个大，她现在只想赶快摆脱这对缠人的母子。

当形容女孩子时，人们大多会将温柔体贴作为女孩的标签，仿佛女孩就从来不会生气。可事实上，这个世界上根本不存在不会生气的人，那些看上去从来没有生过气的女孩，只是比普通人更懂得忍耐，或者更懂得表达自己的愤怒罢了。

毫无疑问，悠悠最终陷入了愤怒情绪当中，这个孩子的所作所为，点燃了悠悠心里愤怒的小火苗，但她却不懂得如何表达愤怒，只能压制怒火，最后被怒火突破了理智的临界点——情绪的火山开始爆发。

从愤怒情绪的产生环境上看，职场无疑是愤怒的积攒高发地。而从愤怒情绪的产生原因上看，所有的愤怒都是由于价值感和安全感的缺失导致的。要合理地表达愤怒，可以从两个方面解决。

第一，关于价值感缺失而愤怒。

阿花业绩第一，但年底的销冠奖励却给了领导的小舅子，阿花十分生气，但又无可奈何，于是越想越气。

这种因为不公正、不平等的待遇而愤怒，就是价值感缺失的典型表现。解决这个问题的办法比较简单，要么消除自己遭到的不公正待遇，比如请公司额外补偿自己；要么扩大自己的情绪舒适圈，让自己对此类事件脱敏，然后冷静地处理价值感缺失的问题。

第二，关于安全感缺失而愤怒。

黄老师拖稿，责编催促交稿，黄老师十分愤怒，认为责编是在故意找碴儿。

这种则是因为安全感的缺失而产生的愤怒。要解决这个问题同样不难，如果能快速弥补自己的错误，就能消除愤怒的情绪。如果无法快速弥补错误，则可以通过强化自身安全感的方式，减少愤怒情绪的产生。

亚里士多德曾说："任何人都会生气，这没什么难的。但要能适时适所，用适当的方式，对适当的对象恰如其分地生气，那就是难上加难了。"如果你实在不知道怎么掌控愤怒的情绪，那不妨在生气的时候在心里把数字立体化，然后倒数十二、十一、十、九……通常情况下，当你数到七的时候，就会重新获得理性。这时候，你再按照前面提到的办法来解决愤怒情绪就能事半功倍了。

自洽心理学

野马效应

野马效应是指将负面情绪，特别是愤怒情绪，内化并对自己进行惩罚的现象。当个体无法适当地表达愤怒或处理负面情绪时，会对自己产生负面影响，这种自我折磨可能会导致各类心理健康问题的发生。

要克服野马效应，有以下几种方法。第一，学会识别和理解自己的情绪，不要将愤怒情绪内化，而是要找到适当的方式来表达它。第二，培养积极的情感和自我价值感，减少愤怒情绪的产生。第三，在处理愤怒问题时，可以寻求心理健康专业人士的帮助。

一生不喜与人争，但该属于你的也别让

古罗马的诗人奥维德曾经说："如果一匹马从来没有被另一匹马紧紧追赶过，那它就永远不会疾驰飞奔。"这句话充分说明了竞争的重要性。

谈到竞争，你首先想到的是什么？

让前途变得未卜？让友谊受到挑战？让同事关系变得脆弱？让自己"温良恭俭让"的良好形象崩塌？确实，这些都是竞争的副作用。

> 一切真正美好的东西都是从斗争中、牺牲中获得的，而美好的将来也要以同样的方法来获取。
>
> ——车尔尼雪夫斯基

达尔文在《进化论》中提到过一个非常有趣的理论，叫"自然选择论"。这个理论说的是同类或异类生物，会为了争夺有限资源而适者生存。

人类社会也是如此，职场则更是如此。如果世界上没有竞争，远古时代的细胞就无法发展为动物与植物，也不会进一步演化成为不同的种类。如果没有竞争，那所有的生物都会暴露自己的惰性，社会也不会有现在的发展。

不过，很多女孩都不喜欢跟人竞争，除了上述副作用外，她们还有一些其他的原因。比如佛系的性格，善良的本性等。

可是，如果对方动了你的"蛋糕"，你还会如此佛系和善良吗？

阿奇是项目组里的小透明。

在小组中，她的学历不是最高的，经验不是最丰富的。这样的阿奇，再加上一个佛系的性格，想让领导记得她都难。

虽然阿奇硬性条件不够突出，但她真心热爱这份工作，也能跟组里挑拨是非的同事处得来。

变故出现在阿奇进组的第三周。

先是副组长落落把阿奇熬夜做完的精美 PPT 交给领导，却故意没说 PPT 的制作人是谁，领导看完非常满意，把落落夸成了一朵花；再是新来的行政小陆分发公司福利时，看准了阿奇好说话，就把压坏的一箱橙子给了她。

阿奇咬了咬嘴唇，没有说话。第二天，阿奇化了个淡妆，穿了一身裁剪得体的职业套装，还在头发上别了一个红发夹，让人看了眼前一亮。过了不到一周，公司大部分人就都对阿奇有了印象——一个别着红发夹的女孩。

这天，阿奇慢悠悠地在一层喝着咖啡，恰好在咖啡见底的时候，领导从大门走了进来。阿奇帮领导按了电梯，并笑着说道："副理好，我是 C 组的阿奇。"领导官方地说道："工作怎么样，都还适应吗？"阿奇温和得体地答道："适应的，听落落姐说，您上周还夸了我做的 PPT，实在让我受宠若惊……"

阿奇变成小透明用了三周，但让组里同事不敢再动自己的"蛋糕"

只用了一个上午。

著名心理学家荣格提出过一个有意思的公式："我 + 我们 = 完整的我"。

荣格想表达的意思，是没有人绝对独立地存在于社会中。与人交往，就势必产生竞争，这条公式在职场上尤其适用。在竞争激烈的职场上，再佛系的人也免不了被卷入竞争的漩涡。

曾经有这样一个笑话，天神答应满足信徒三个愿望，但提出了一个苛刻的条件："在你得到想要的东西时，你的竞争对手将得到你所有愿望的双倍。"于是，信徒对天神说道："第一，我想要一幢漂亮的房子。第二，我想要数不尽的金钱。第三，把我打个半死。"笑话虽然是假的，但人与人之间强烈的竞争感却是真的。

有时候，即便你不想竞争，也无法左右他人觊觎你"蛋糕"的心。所以，不动别人的奶酪，也不要让别人动自己的"蛋糕"是非常有必要的。

有人问了，如果我的脸皮很薄，很难做到像阿奇这样游刃有余地维护自己的合法利益，那该怎么办呢？

很简单，你只要牢记两条"竞争"原则，就可以游刃有余地应对竞争了。

第一，如果你觉得直接沟通或行动很困难，不妨寻求"中间人"的帮助。

一个共同的朋友或者一个态度中立的同事，能让你在保持一定距离的情况下解决问题。当然，你们之间的关系要足够稳定，不要贸然寻求不熟同事的帮助，以免冒犯到对方。

第二，利用电子邮件或即时消息，委婉地表达自己的需求。

如果你觉得自己的口头表达能力有限，也可以给对方发QQ或微信来表达自己的观点。这样可以有足够的时间来思考和组织语言，而且还可以避免面对面的尴尬。使用这种方法时，要注意提前预设接下来可能会发生的情况，以不变应万变，以免到时措手不及。

当然了，这些方法并不是让你锱铢必较。毕竟，在效益最大化的前提下，你也不必为了眼前的利益而葬送长远的发展。比如帮你的直系领导负一个无关紧要的责任，或者帮同事掩饰一个无关紧要的事实，这些小牺牲不但不会影响你的职业发展，还能让你在职场更游刃有余地生存。

自洽心理学

竞争优势效应

竞争优势效应指的是当涉及自身利益时，人们往往会积极竞争，即使这可能导致双方都受损。在存在共同利益的情况下，人们也会因为争夺利益的优先权而竞争，而不是选择双赢的合作方式，这种现象揭示了人们在面对自身利益时的竞争本能。

要突破竞争优势效应，有以下几种方法。第一，培养合作和沟通的能力，寻求与他人合作，这样可以在争夺利益时创造更积极的结果。第二，学会妥协和谈判，以平衡个人利益与他人的需求。第三，保持理性和冷静，不要被竞争冲动驱使，而是根据长远利益做出决策。

你不是工具箱，无法解决所有问题

人不是生来便全知全能的解决者，而是不断成长和学习的奋进者。

> 任何生命都是把保护自己当作至高无上的目的，这是生命世界里的原则。
>
> ——池田大作

可是，在当下这个强调高效率和高产出的时代，尤其是女性，常常被期待成为一个万能的工具箱，随时准备解决各种问题。

然而，这样的期待不仅不切实际，而且会对女性的心理和情感造成极大的压力。在职场中，女性被附加了更多的期待，无论是专业的挑战还是人际关系的纠纷，女性都要做到得心应手，否则就容易换来冷嘲热讽。

尽管职场期待你成为能够解决一切问题的"工具箱"，但你必须要认识到自身的局限性，要在团队中寻求支持和合作，而不是做一个孤独的斗士，或者一只忙得团团转的陀螺。你要知道，你在职场中只是团队的一部分，只有通过共享责任，才能实现个人的成长和团队的成功。只有认识到这一点，你才能够放过自己，并且更好地面对挑战。

丹妮是一家大型企业的项目经理，她以出色的解决问题能力和对工作的负责而闻名。不论是客户的紧急需求，还是团队内部的冲突，丹妮总能迅速找到解决方案。起初，丹妮为自己能够胜任各种挑战而感到骄傲。可随着时间的推移，丹妮开始感到疲惫不堪。

丹妮发现，自己不仅要应对工作上的挑战，还要承担越来越多的情感劳动，为了满足他人的期待，她不得不强迫自己超越身体与心理的极限。

一次偶然的机会，丹妮参加了一场关于职场心理健康的讲座，演讲者的一番话让她醍醐灌顶：“你不是一个工具箱，无法解决所有问题。承认自己的局限性，并寻求帮助，是勇气和智慧的体现。”

从那以后，丹妮开始改变自己的工作方式。她开始主动放弃那些超出自己能力范围的任务，也开始与同事分享工作压力，寻求团队合作解决问题。

原本，丹妮的初衷只是让自己不那么疲惫，她甚至做好了被领导和同事们责备的准备。可让她没想到的是，大家却对丹妮的选择十分宽容。心态平和之后，丹妮也经常处于高效率状态，她的绩效反而更好了。

丹妮重新找到了工作与生活的平衡，这并不是偶然，而是一个智慧女性的必然选择。在职场中，你不可能懂得一切，也不可能解决所有问题。承认这一点，不是表现出弱点，而是展现了自我认知和成熟的一面。当你明白自己的能力边界时，就可以更加聚焦于自己擅长和热爱的领域，同时在需要时寻求外部支持。所以，像丹妮一样，承认自己的局限性，这才是在职场中成长的第一步。

职场，一个需要人们共同努力的地方。在这个地方，你要建立的是一种合作而非独立作战的心态。通过共享责任和挑战，你可以利用团队的集体智慧，找到更有效的解决方案。这种合作的心态不仅能减轻你的个人压力，还能提高团队的凝聚力和效率，可谓一举多得。长时间承受过大的压力，会对你的身心健康造成严重影响。因此，学会适时给自己减压是一件非常重要的事情。

你需要知道，每个人都有自己的强项和弱点，有时候，你的能力可能仅仅是在特定领域发光发热，并不足以支撑你在所有职场情境中发挥作用。认识到这一点，你就能游刃有余地在自己擅长的舞台上翩翩起舞，而不是在每一个"战场"上都疲于奔命。

记得，亲爱的，人生的价值和意义，不仅在于你能在职场中为老板解决多少问题，更在于你要如何快乐、健康地生活。所以，勇敢拒绝那些不合理的期待，只有这样，才能用你自己的节奏和方式，绘制出属于自己的职场画卷。

自洽心理学

煤气灯效应

煤气灯效应，指的是一方通过误导、歪曲、否认或淡化事实的方法，来操纵、控制另一方的思想、情感和现实认知。其目的是让受害者对自己的记忆、感觉和判断产生怀疑，从而削弱其自尊和自信，使其无法摆脱操纵者的影响和控制。

要突破煤气灯效应，有以下几种方法。第一，坚守自己的边界和原则，不要被他人的期望或压力左右。第二，学会说"不"，不必接受一切任务或问题，只承担自己能够胜任的任务。第三，建立健康的沟通和边界，与他人坦诚交流，让他们理解你的需求和限制。

不拆台，不嘲讽，做个有格局的人

领导对员工有意见的原因可谓多种多样，比如能力不足、态度不好、做事拖沓。但员工对领导有意见，只需一句"格局太小"就能完全概括。

所谓格局，并不是"心有万千沟壑，可容纳千军万马"，而是不懂得把握跟员工之间那种微妙的分寸感。如果领导说话、做事没有分寸，就会让员工觉得"这人格局小了"，从而萌生各种想法。

> 管理者好比是交响乐队的指挥，通过他的努力、想象和指挥，使单个乐器融合为一幕精彩的音乐表演。
>
> ——杜拉克

有些领导觉得，做领导最好能做到城府颇深、深藏不露、神神秘秘、不苟言笑。只有让员工揣摩不到自己的心思，才能让他们对自己产生敬畏心理。

原本，女领导就会给人一种"女强人"甚至是"女魔头"的感觉，如果再缺少一点儿格局，就更容易成为员工们茶余饭后吐槽的对象。

周一早上，小章打着哈欠走进办公室，S总看到小章哈欠连天的样子，不满地说道："小章，你昨晚上干什么了？不知道今天要上班吗？你看看你，哈欠连天的，弄得大家都没心思工作了。"

小章昨天通宵加班，一共就睡了两三个小时，听S总这么一说，心里不免有些委屈："S总，咱们不是有个报表着急做嘛，我昨天就熬夜赶了赶。不过，我今天状态虽然有些不好，但您放心，我绝对不会影响工作的。"

S总听到小章是因为加班才这副模样，面色缓和了不少。于是，她想出言指点他一下，让他尽量在上班时间把工作做好，不要拖到休息日影响正常作息。同时，S总也想在大家面前幽默一下，展现一下领导的个人魅力。

思及此处，S总笑着说道："小章，那个报表上班时间做完不就可以了吗，为什么非要拖到休息日加班做呢？不过也是，你们年轻人都这样嘛，用现在流行的话说，这个叫什么来着？哦对，拖延症，对吧？"

S总觉得自己是在用幽默指点大家，丝毫没注意到小章憋了一肚子火，办公室其他人也一脸无语。

如果S总在得知小章是因为加班才状态不好时，能换一种方法，得体地指点小章，会不会就能收到完全不同的效果呢？

"小章，我得批评你两句，工作重要还是身体重要？工作尽量在上班时间完成，如果实在做不完，可以第二天早点来单位做，或者请其他人帮帮你。把报表做好的办法有很多，年轻人要开阔思路，不要只想着加班这一种办法，既损害身体，又影响正常工作。"

虽然S总也是在批评小章，但取得的效果完全不一样。小章会知道领导在担心自己的身体，也能明白做工作有更多的解决方法，办公室其他人也能明白领导的良苦用心，一举多得。其实，这就是格局的问题。

下级对上级本就有敬畏心理，有些还有抵触心理，S总将展现幽默表现为嘲讽小章，只能激发彼此的矛盾，让员工心里不好受，也让自己显得毫无格局可言。那么，领导要如何做，才能凸显格局，让下属更信服自己呢？

第一，不拆台，给予尊重，后发制人。

有些领导在跟员工谈话时，经常会以"你先说一下你的看法"开头。可员工刚开口说话，还没说上两句话，领导就迫不及待地打断并否定对方，然后喋喋不休地开始自己的"个人演讲秀"。

这其实就是一种"格局小了"的表现。在谈话时，上级应该让员工充分表明自己的态度和看法，然后再说出自己的想法。如果不能给予员工充分尊重，就有可能遭到员工追问甚至反驳，场面也会十分尴尬。先听对方说些什么，再根据对方的观点做出决断，后发制人，这样才更能体现领导的说话艺术与格局。

第二，不嘲讽，做一个知人善用的人。

有格局的领导不会嘲讽员工的现实与功利，也不会跟没钱的员工谈理想。跟没钱的员工谈理想，其实就是没有格局的表现。

聪明的领导会跟没钱的员工谈钱，比如"这个月多出售10件产品，也就是每3天出售一件产品，工资就能翻一倍"；而跟有钱的员工，领导就可以谈谈价值了，比如在钱的基础上，你能得到什么样的"附加品"。

当然了，有格局的领导更要展现自己的言而有信，若承诺空泛不实，那领导的格局也会沦为笑柄。

总之，身为一名职场人，不管是基层员工还是管理层领导，把格局打开都是一件非常重要的事。做领导可以才华不够，可以威严不够，但不可以格局不够。

正所谓眼界决定境界，格局决定结局。当你把格局打开，公司的风气就会焕然一新，风气一旦革新，公司的成功也就指日可待。

自洽心理学

踢猫效应

踢猫效应指的是个体将负能量或不满情绪传递给他人的行为，类似于将自己的负面情绪"踢"给别人，从而影响他人的情绪和心境。这种现象通常出现在人际关系中，当员工因为领导"格局小了"而感到烦躁、愤怒或不满时，他很可能会通过言语或行为将这些负面情绪传递给周围的同事，导致他人也变得焦虑或不快。

要突破踢猫效应的影响，有以下方法。第一，打开格局，少做那些影响士气的事，少说那些动摇人心的话。第二，用积极的方式来管理公司，适当研究说话之道与用人之道，这些都是帮助领导打开格局的好办法。

把握合适的相处距离，不要过度热情

《中庸》有言："君子素其位而行，不愿乎其外。"

这句话是什么意思呢？简单来说，就是君子做事有分寸，处世不逾矩，不会超过让彼此舒适的度，也不会让人有被冒犯的感觉。

人与人的相处，就像两只在冬夜里冻得瑟瑟发抖的刺猬。它们想要紧靠在一起取暖，但因为彼此的长刺，一不小心就会扎痛对方，于是，它们经常刚一靠近就迅速分离。然而，过了一阵子，这两只刺猬又受不住严寒开始靠近。几次调整之后，两只刺猬才能找到既可以相互取暖，又不会刺痛对方的距离。这个距离，也就是让彼此最舒适的距离。

> 世间的事情，往往失之毫厘，就会造成莫大的差异。
>
> ——莎士比亚

作为现代职场女性，在工作中免不了与各类同事相处。对关系熟络的老同事来说，彼此的距离自然容易把控，可对关系不熟的新同事，却不太容易把控好彼此的距离。

R姐刚来公司时，多亏一位友善的前辈对她处处提点。为了让后辈也能像当年的自己一般蒙受恩惠，R姐对那些新同事格外关照，让她们都能感到自己的善意。

很快，公司人事部新来了一位员工，她性格内敛沉稳，看上去边界感很强，但这并不影响R姐发光发热。R姐先是热情地跟新员工打了招呼："亲爱的，你还不知道茶水间在哪里吧？走，我带你去。"随即，她自然地挽上了新员工的胳膊。

新员工十分诧异，直到R姐的手挽上了自己，她方才确定R姐是在跟自己打招呼。

"不用了，谢谢您。"新员工有些别扭地说道。但R姐却丝毫未觉："别跟我客气，大家都是同事，有问题你就来找我。"

到了下午茶时间，大家都伸着懒腰放松一下，有的同事从抽屉里拿出了小零食，给身体补充一点儿能量。

"亲爱的，这个给你，刚剥好的，快吃。"R姐走了大半个办公室，递给新员工一个剥好的橙子。新员工目瞪口呆，为了不拂R姐的面子，她勉强接了过来："谢谢，您千万别再剥了。"

"客气什么，吃完喊我，我那里还有呢！"R姐笑眯眯地拍了拍新员工的肩膀，哼着小曲回到了自己的工位上。

微妙的同事关系是一把"双刃剑"，带来的是好事还是坏事全凭自己把握。

在职场中有着形形色色的人，大家由于年龄、经历、性格等方面的不同，难免会存在一些摩擦。在这种情况下，处理好同事关系，对个人事业的发展具有重要作用。

在同事需要帮助和关怀的时候，一两句贴心的话、一点力所能及的帮助，都会让办公室气氛更加融洽。你为同事排忧解困，对方也势必会为你带来助益。亲密的同事关系，能让你在工作中如鱼得水，获取你想要的一切。

对于 R 姐这样不懂分寸感，只会一味散发好意的女性来说，这种不拘小节的热情反而会灼伤同事，让大家对她敬而远之。

除 R 姐外，还有一些会让人产生不悦的群类，她们身上的标签同样是分寸感缺失，只不过，这种分寸感缺失会让人更加反感。

比如，有些人经常擅自取用同事的物品，且打着"心直口快""没有心机"的名义，开一些无伤大雅的玩笑。虽然有些被冒犯者能做到"宰相肚里能撑船"，但这种行为仍然会给彼此之间的关系埋下隐患。

那么，同事之间的关系要如何把控界限呢？其实只需要牢记这两点即可。

第一，切忌"交浅言深"。

交浅言深虽然只有短短四个字，却谈尽了社交的本质。

"交浅言深"这个词，最早出自《战国策·赵策四》。它也见于《后汉书·崔骃列传》，其原文为："骃闻，交浅而言深者，愚也。"意思是说，跟交情尚浅的人推心置腹地深谈，其实是件愚蠢的事情。

这其实并不难理解，成年人的社交圈里充满危险，稍不注意就会触碰到。女性原本就要更敏感一些，如果无法做到"交浅不言深"，就很容易有彼此交恶的可能。毕竟，话在说出口之前是由我们掌控的，而一旦说出口之后，我们便受其制约。

第二，在职场要做到亲疏有别。

对于关系不熟的人来说，你的亲密行为往往意味着骚扰。

为什么这么说呢？因为人与人之间都有一条界限，当彼此不熟悉时，你就无法确定你与对方的界限到底在哪里。如果贸然亲昵，就会给对方造成困扰，也会影响两个人日后的交往。而所谓分寸，便是对彼此界限的把握。亲疏有度，悠然交往，这才是职场上展开一段令人舒服的关系的方式。

优雅女性要把握合适的相处距离，与同事亲密有间。联系紧密，却彼此给对方留下一方精神"净土"；分享生活，却给足对方个人空间。既尊重又互利，会让职场女性生活得更加自在。

自洽心理学

刺猬效应

刺猬效应强调了距离和保持一定个人空间对保持吸引力和关系的重要性。刺猬在寒冷的冬天互相靠近以保持温暖，但又不想过于接近而伤害彼此。在人际关系中也是一样，在一定程度上保持一些距离，可以增加吸引力，并保持个人魅力。

要利用刺猬效应，可以采用以下方法。第一，避免在职场关系中过于亲昵和过度表现热情。第二，学会尊重他人的个人空间和需要，不要过于侵入或强迫亲近。

第三，保持适度的距离，允许关系的自然发展而不是强行推进。

第七章

你不理财，财不理你

警惕本能的冲动消费

每当商家有打折促销的活动时,总有不少人会抓住机会享受优惠。

有些女性在消费时容易冲动,虽然平时尽量在购物之前列出清单,可一到商场,看到琳琅满目的衣饰,就很难再按照清单进行购买。

当她们提着大包小包的衣服、首饰、零食回家后,又每每都会忍不住惊呼:"怎么回事?我买了这么多没有用的东西!"

这能怪她们自控力不强吗?好像还真不能。

不管是商场也好,购物平台也罢,"打折""返券""买一送一"等标语横幅可谓琳琅满目、无孔不入。为了让女性心甘情愿地打开荷包,商家费尽心思提供各种优惠和服务,也难怪大家纷纷"解囊相助"了。

> 已经变得聪明起来的人,办事不会鲁莽,而会三思之后再行事。
>
> ——圭尼切利

商厦搞促销了!

这条消息不胫而走,精准地传入阿穗的耳朵。她立刻呼唤了三五好友,一同去商厦"薅羊毛"。

不得不说,这场促销是真的实惠。品牌 T 恤只要 198 元,而且两件九折,三件八折,四件七五折……一连串的诱惑接连抛出,阿穗根本难以抗拒。

此刻，她忘了自己的Ｔ恤已经多到塞满了一整个衣柜，取而代之的是"买到就是赚到"。刚好，这件Ｔ恤买四件最实惠；刚好，这件Ｔ恤有四种颜色；刚好，这件Ｔ恤有自己的尺码。一切都是那么"刚好"，这也让阿穗毫不费力就说服了自己。看着手里的Ｔ恤，阿穗甚至想象到自己每天换一件不同颜色Ｔ恤的喜悦。

然而，阿穗的热情在结账之后就冷却了。哪有人买四件不同颜色的同款Ｔ恤呢？阿穗皱着眉头想了想，把Ｔ恤丢到了衣柜的最下层。

"算了，说不定以后会穿呢？"阿穗安慰自己道。

爱花钱是一种惯性。仅仅拿购买衣服举例，我们平时有多少次像阿穗一样，轻易陷入冲动消费的陷阱之中？如果你也有这方面苦恼，不妨采用一种简单有效的办法加以缓解和克制，这种办法就是记账。

记账，是一种看似枯燥琐碎，却是让女性的荷包保持丰盈状态大有好处的生活习惯。它能帮女性省下不少不必要的开销，并帮助女性把钱投入对将来幸福生活更有助益的事情中去。

美国一项对近万名百万富翁的调查显示，约85%的富人都是凭借省钱和存款积累起自己人生的第一桶金的。而想要不陷入冲动消费陷阱中，最简单的方法就是拿起小本子记账，迈出杜绝冲动消费的第一步。

有些人可能会问：记账真的有用吗？花费时间和精力在记录平时琐碎的开支上真的值得吗？有这个闲工夫，多做个兼职把这笔钱赚回来不好吗？其实，这个问题也取决于你对下面几个问题的回答。

第一，你的工资是否"入不敷出"？

第二，你是不是传说中的"月光"一族？

第三，你是否经常在消费的时候冲动买下许多本不需要的商品？

第四，近期是否有较大的消费计划？比如培训进修、买车购房、结婚育儿？

第五，每年的"购物狂欢"之后，你是否要经历一段"吃土"的时光？口口声声说以后再不这样，来年却仍是老样子？

面对上述问题，如果你或多或少地"中枪"了，那么，你最好开始记账。

虽然记账本身比较乏味，但秉承着不急于求成的态度，通过记录下每天的每一笔开销，你就渐渐能够明白"钱都去哪儿了"。

至于日常生活，你则可以注意留存超市购物小票、银行扣缴单据、购置大型物品的收据等。这样一来，你在记账的时候就更容易做到不重不漏、井井有条了。

除此之外，在记好每日"流水账"的基础上，你还可以进一步"升级"，尝试把所要记的账目归类，比如"买菜5元""买肉20元"，这些都属于日常的生活需要；"KTV120元""看电影45元"，这些则属于娱乐消费。将这些消费按周、月、年进行归类统计，就能清楚地看到各项消费内容所占总花费的比例了。

如果是在工作繁忙忘了记账，且必须控制自己的消费的情况下，那么你也可以给自己的消费设定一个限额。比如每个星期从银行取出大约为月收入1/5的现金作为本周支出。这样一来就万无一失了。

当然了，记账这种方式还有一个必要的前提，那就是真实。如果为了麻痹自己故意不记账，或者为了"账面好看"而选择"做假账"，那就本末倒置了。

自洽心理学

心理摆效应

心理摆效应指的是人们在决策时受到先前决策的影响，常常表现为在不同选择之间摇摆不定或受到过去选择的束缚。这个效应说明了人们在做决策时，会受到自己过去选择的影响，而不总是基于最优的选择。很多时候，冲动消费就是在这种心理效应的支配下发生的。

要突破心理摆效应，有以下几种方法。第一，在购物时，应该仔细思考是否真正需要某物。第二，学会从不同角度审视问题，不要过于依赖先前的选择经验。第三，设定明确的购物目标和预算，避免在购物过程中受到心理摆效应的影响。

"她经济"时代，你需要懂一点儿投资

独立的女性是新时代的先驱。在金融投资的世界中，这句话也同样适用。一些对金融较为敏感的女性，已经开始在理财方面，用智慧和勇气开辟一条属于自己的理财之路。

> 别人贪婪时我恐惧，别人恐惧时我贪婪。
>
> ——巴菲特

在当代社会有很多优秀的女性，她们在职场中一点都不输男性，在家庭中更是撑起了半边天。这些优秀的女性靠自己的实力赢得了尊重，也实现了自我价值。诚然，这也得益于女性朋友在理财方面具备的很多先天优势。

相比男性，女性更容易理性地进行投资。一方面，对于高风险的投资，女性较男性更不容易冲动下决定；另一方面，对于投资的周期，女性则更容易做到耐心等待投资所取得的长期收益。

现在，很多优秀的女性都非常重视理财，因为这是她们掌控自己未来的必要方法。在理财中，她们收获了自信和自立，那些财富也成了她们最好的保障。可不少人还是喜欢戴着有色眼镜去评价女性——女人嘛，就应该在家相夫教子，即便是出去工作，也只需赚份可供自己花销的工资即可，根本不必折腾来折腾去的。

可实际上，重视理则的女性早已将理财视为一种生活态度。她们明白，财富不仅仅是数字的累积，更是实现个人梦想和目标的重要工具。她们不畏惧财务知识的烦琐复杂，反而享受理财过程中的成长和挑战。通过不断学习和实践，她们在理财的道路上越走越稳，这不仅为她们自己打造了一个稳固的经济基础，也为整个家庭甚至家族带来了更多的可能性。

35岁的夏瞳越来越意识到，仅仅依靠工资收入，很难实现自己对未来生活质量的期望。可是，传统的储蓄和债券虽然收益小，但相对比较安全。经过深思熟虑，她决定先学习股票投资，尝试以新的投资方式来提升财务收益。

最开始，夏瞳没敢在股市投入太多资金，她只是选择了几家自己认为具有潜力的公司。随着对公司基本面的深入分析和对市场趋势的敏锐洞察，以及几次精准的买入和卖出，夏瞳渐渐找到了窍门。

对投资市场有了进一步了解后，夏瞳开始将目光投向了基金。她认识到，相比股票的高风险高收益，基金投资更适合自己寻求长期稳定回报的目标。通过精心挑选一些表现优异的基金产品，夏瞳渐渐实现了资金的分散投资，既降低了风险，也享受到了市场增长带来的红利。

后来，夏瞳将投资视野扩展到了外汇。最开始做外汇投资时，外汇市场的复杂性和全天候波动让夏瞳倍感压力，不过，她还是通过谨慎的策略和分散投资，最终将这部分风险控制在可接受的范围内。几年下来，夏瞳不仅积累了一定的财富，也在投资的过程中找到了乐趣。

夏瞳在投资方面采取了多元化的策略，既有保守的储蓄和债券投资，也有适度的股票、基金和外汇投资。

在理财领域，股票、基金、外汇是三种广受欢迎的投资渠道。

股票市场以高收益和高风险而著称。从定义上看，股票是股份有限公司发给股东的所有权凭证，是股东借以取得股东权的一种有价证券。选择这种投资方式的女性，需要不断学习和了解市场动态、公司财报分析以及行业趋势，这样才能做出理性而审慎的投资选择。在股票投资中，千万不要被短期的市场波动影响，而是要注重长期价值的发现和投资。

与直接投资股票相比，基金投资为女性提供了一种风险更为分散、更加稳健的理财方式。我们现在说的基金通常指证券投资基金，这是一种通过发售基金份额，将众多投资者的资金集中起来，形成独立资产，由基金托管人托管，基金管理人管理，以投资组合的方法进行证券投资的一种利益共享、风险共担的集合投资方式。通过选择管理良好的基金产品，女性投资者可以参与多种资产配置中，在降低风险的同时，实现资产的长期增值。通过定期定额投资、资产配置调整等方式，女性投资者也可以实现个人财富相对稳健的增长。

外汇投资是一种更复杂的投资方式，它指的是被各国普遍接受的，能够用于国际间债权债务结算的各种支付手段。外汇市场是全球最大的金融市场，以高流动性和24小时交易的特点吸引着全世界的投资者。在外汇投资中，女性投资者需要基于对全球经济动态的深入理解和对汇率变动趋势的准确把握，做出一个明智的投资决策。

女性投资者非常注重财务自由，她们不满足于仅仅做一个消费者，更希望通过自己的努力，实现财富的增长。"智者不是拥有最多的知识，而是最懂变通的人。"在投资界，情况千变万化。所以，当你选择投资理财时，一定要不断学习和实践，在变化中寻找机会，切忌僵化地坚持某一套理论或模式。

最后，希望每位女性都能在投资的道路上找到自己的风格和节奏，所愿皆有所得。

自洽心理学

自我设限

自我设限指的是当人们感到受限或被约束时，常常不会寻求解脱，而是适应并接受这种限制，即使有机会改变，也不太愿意去改变。当鸟被关在笼子里，即使笼子的门打开了，鸟也可能不飞出去，因为它习惯了笼子的界限。思维也是一样，如果被关进笼子里，那就很难有所突破了。这一点在投资理财时是非常值得注意的。

要突破自我设限的影响，懂得折腾是很有必要的，具体可以从以下两方面入手。第一，不要被传统观念和惯性思维限制，积极寻求新的投资机会和策略。第二，灵活运用不同投资工具，结合市场趋势和个人目标，更好地管理风险和获取回报。第三，不要被固定的观念束缚，要不断学习和适应，让生活越来越好。

小心还款额的甜蜜陷阱

"使用信用卡，就等于用明天的收入，来支付今天的开销。"

随着信用卡、花呗、白条等小额信用贷款的兴起，促销活动与消费刺激策略层出不穷。不幸的是，大部分人都抵挡不住消费的诱惑，哪怕他们知道，今天花掉的钱以后还是要结算还清，而提前消费的行为，也不过是短暂体验了一把"先甜后苦"的过程而已。

> 所有命运馈赠的礼物，
> 都已在暗中标好了价格。
>
> ——茨威格

对女性来说，这类刺激消费欲望的信用贷款与分期付款无疑就是一种甜蜜的陷阱。毕竟，谁不喜欢想买什么就买什么的生活呢？可是，当你为了精致生活"买买买"时，结果却是提前预支了后面的生活品质。当你消费上瘾时，也等于为后面的生活埋下了隐患。

塞缪尔·斯迈尔斯曾说："正直的人厉行节约，注意细水长流，不会大手大脚、胡支滥花，他绝不会沦落到打肿脸充胖子或借债度日的地步。"

在消费诱惑无处不在的今天，这句话显得尤其有哲理。学会控制欲望，避免不必要的债务是实现财务自由的第一步，但提前消费却容易放大人们的欲望，让人在需要金钱的时候变得捉襟见肘。如果你在消费方面格外缺乏计划性，那么这种提前预支消费的习惯甚至还有可能影响你的家庭和谐。

如果再给尤莉一次重新来过的机会，那她肯定会给两年前的自己一记响亮的耳光，并且再三提醒过去的自己："拒绝办理信用卡！"

尤莉之所以这么恨过去的自己，是因为她万万没想到自己会被这张信用卡逼得快要窒息。两年前，尤莉去商场买新手机，走进专营店后，她发现只要办一张某平台的信用卡，这款手机就可以分24期免息付款。此外，只要尤莉开通这张信用卡，该平台还会直接提供5万的信用额度，尤莉可以随借随还。

对金融不太敏感的尤莉最初并未对这5万额度上心，可随着消费欲望的增加，她也开始频繁使用额度。最初，尤莉只在平台上借了5000块，为自己购置了一套心仪已久的彩妆。后来，她的欲望越来越大，平台似乎也抓准了这一点，将她的5万额度逐渐提高到了20万，而利息也随之提高了很多。

慢慢地，尤莉开始支撑不起这么大的开销，只能选择"以贷养贷"。此时，她每个月都要还将上万元的贷款。想想之前潇洒消费的自己，尤莉实在是悔不当初，但现在后悔晚矣，未来五年甚至十年的生活品质，都要为自己这两年的放肆消费买单……

当你提前预支了一大笔钱去购置一款心仪已久的包包时，你的兴奋感或许只会持续几天。可是，你却要为了这几天的短暂快乐，牺牲后面一年甚至两年的时间。更有甚者——你的未来两年，或许会和尤莉一样，一边为之前的包包买单，一边又提前消费了无数个包包，最后变得负债累累，原本一片坦途的人生也将长满荆棘。

对女性来说，拥有一个健康的消费观是非常重要的，因为相比男性，女性更容易陷入精致甜美的还贷陷阱，尤其是那些对生活品质要求较高，但收入却相对较低的女性，更是容易被消费贷"摆布"，最后落得与尤莉一样的下场。

在消费时，短暂的快乐会让你暂时忘记还款时的痛苦，也让你潜意识里忽略借贷的风险——比如家人朋友急需用钱，而你却被贷款压得喘不过气，最后只能崩溃。

不过，提前消费并不是什么洪水猛兽，对于那些有规划的女性来说，提前消费反而是一种理财工具。在她们的规划下，自己不仅能提前享受到消费的快乐，也不会因为过度消费而耽误人生。

事实上，要避开还款额度的甜蜜陷阱也比较容易，你只需要记得，不要让你的生活成本超过你的生活物质质量即可。

这句话是什么意思呢？就是你要对自己的生活物质质量有一个正确的评估。

比如，你是一位家庭条件普通的白领女性，你的年薪大约为15万元。此时，你购置的房产均价就应该尽量保证在每平方米1万元左右，如果超过这个价格，你在偿还房贷的时候就会感到困难。

再举个例子，如果你的生活物质质量，仅支持你每年购置 2 ~ 3 款千元级包包时，那么，你就不要再选择分期或借贷购置超过这个水平的包包，也不要分期或借贷购置超过这个数量的同等级包包。

一位聪明的女性，从不会给自己过度消费的机会，更不会让自己陷入还款额的陷阱。

所以，亲爱的，在消费的时候请一定要深思熟虑，不要盲目地追求物质和消费快感。愿你的生活成本永远不会超过你的生活物质质量，也愿你的人生永远一片坦途。

自洽心理学

棘轮效应

棘轮效应指的是人们在形成了一定的消费习惯后，难以逆转或降低消费水平的趋势。一旦人们适应了高水平的消费后，往往会继续保持这种高消费习惯，即使他们的收入下降或发生其他变化。

要突破棘轮效应，可以采取以下方法。第一，认识自己的消费习惯，了解哪些方面的消费出现了不必要的增加。第二，建立明确的财务计划和预算，确保消费在可承受范围内。第三，将储蓄列为首要任务，确保在每个月的预算中为储蓄留出一定的份额。

提前想一想，你的后半辈子要靠谁

随着时代的发展，女性也拥有了更多的选择。

可白天一边上班一边盯着班级群，晚上一边加班一边盯着孩子作业，诸如此类的压力层层叠加，各种未知风险也让女性朋友们开始提心吊胆。

这时，不少女性朋友都难免陷入沉思："万一以后……该怎么办？"

裴斯泰洛齐曾说："财产，如果不好好安排，幸福还是会像一条鳗鱼，从他的手里滑掉的。"而创造一个未来的最好办法，则是提前预设未来将会发生的事，并且未雨绸缪地付诸规划与行动。

购买保险，就是你能够未雨绸缪的最好行动。

如今，人们的保险意识逐渐提高，可仍然有一部分人对保险秉持着怀疑态度：保险会不会理赔困难？保险代理人说得天花乱坠，感觉太不靠谱。万一我没有生病，这些钱不就白交了吗？如此种种疑问，让不少人对保险望而却步。

> 人类百分之七十的烦恼都跟金钱有关，而人们在处理金钱时，都往往意外地盲目。
>
> ——卡耐基

保险真的这么"不保险"吗？在解答这个问题之前，你需要明确一个概念，那就是保险不是保险代理人跟你做的保障，而是合同给你做的保障。无论保险代理人说得多么天花乱坠，最后理赔还是要根据合同办事。所以，只要合同中写明了赔付条件，而被保险人又满足赔付条件，就可以顺利进行理赔，反之则无法理赔成功。

只要通过合理的保险规划，你就可以为自己和家人搭建起一道坚固的保障，虽然未来充满不确定性，但你依然能够保持信心和冷静，享受每一个当下，勇敢地迎接每一个未来。

宫傲年逾三十，正是"上有老，下有小"的年纪。她有个妹妹，大学毕业后就去了保险公司任职，之后便三天两头地在家庭群里发跟保险行业相关的咨询。宫傲的妹妹劝姐姐买个重疾险，可宫傲的老公不同意。

宫傲老公不满地说道："你妹妹就是胡闹！毕业去卖保险，大学真是白读了！让你买，她给你钱吗？现在妈身体不好，治病吃药都得花钱，孩子上学吃饭也要花钱，哪有闲钱买保险？"

宫傲委婉地把这话告诉了妹妹。

妹妹豪爽地说道："行啊！我给你交！你来我公司吧，我现在就给你办。"

宫傲又把妹妹的话原封不动地告诉了老公。

老公冷哼一声："那也不办，第一年她给你交，后面要是不给你交了呢？谁的钱都不是大风刮来的，你敢去办就离婚。"

不过，话虽这么说，宫傲还是在妹妹那里偷偷买了保险。

一年近7000元的保费，让宫傲不得不省吃俭用。买完保险后第三年，宫傲不幸罹患了肿瘤，不过好在是良性的。令宫傲没想到的是，自己刚确诊的第二天，妹妹就把理赔款做到位了。根据合同，宫傲一次性拿到了10万块理赔款。如果她再次罹患重疾，保险公司也依然会赔付。

虽然宫傲仍然没对老公说自己偷偷买保险的事，但她却转变了思想，成了保险公司最好的代言人。

在忙碌的生活中，女性往往忽略了为自己的未来做准备。然而，生活充满不确定性，提前规划，选择合适的保险，这不仅是对自己负责，也是对家人负责。

成年女性，必买的三种保险是什么？答案是医疗保险、重疾保险和养老保险。

医疗保险就是主要解决医疗费用的保险，如果你没有医疗保险，那就相当于在打赌，赌的是自己和家人的钱包。赌输了，家庭条件雪上加霜；赌赢了，也会牺牲孩子的教育开支和老人的养老品质。所以，每位女性都应该有一份医疗险，这也是人生的第一道基础保障。

重疾保险顾名思义，就是被保险人在罹患重疾时所获得的保障。重疾最直接的影响就是无法工作，无法工作就意味着收入中断。而且，重疾的康复时间较长，在康复期间，家人陪护和专业护理也是需要大量金钱的，而且这笔钱医疗险无法赔付，重疾保险就是这一阶段的收入补偿，能为人们减轻心理负担。宫傲购置的就是重疾保险，这份重疾保险也解决了她的燃眉之急。

至于养老保险，则是女性能够有闲有钱享受退休人生的重要保证。变老是每个人都要经历的事情，生命的前五十年，你都在学习、成长、成家、立业，而退休之后，如果你没有养老保险，那你就会失去一部分底气和尊严。

真正的自由来自对未来的准备，而医疗险、重疾险和养老保险，则是每位女性都应该认真考虑的三个方面。通过这些准备，你可以为自己和家人构建一个更加稳固的未来，它们能让你勇敢面对一切挑战，并且享受生活的每一个阶段。

未雨绸缪，胜于临渴掘井，希望每位女性都能拥有一个明媚的人生。

自治心理学

自我选择效应

自我选择效应强调了个人的选择和决策在塑造其生活和命运方面的重要性。这个效应表明，人们的选择不仅反映了他们的价值观和偏好，还在很大程度上决定了他们未来的经历和结果。换句话说，你的选择决定了你的命运。

要利用自我选择效应，可以从以下几个方面入手。第一，不要被传统思维或他人的影响左右，而是根据自己的需求和目标来选择适合的保险产品。第二，考虑未来的经济和家庭状况，确保选择的保单与你的长期财务规划一致。第三，咨询专业保险顾问，获取有关不同保险选项的建议。

被遗忘在角落里的宝藏

既会花钱又会赚钱的人，是最幸福的人，因为他享受两种快乐。

——塞缪尔·约翰逊

从循环利用和变废为宝的角度看，能够让物品循环起来似乎是件不错的事。正如爱因斯坦所说："简单淳朴的生活，无论在身体上还是在精神上，对每个人都是有益的。"

在每个家庭的角落里，总有一些被遗忘的宝藏——那些曾经珍爱、现在却不再使用的二手物品。这些物品可能是一款包包，可能是一件没穿过几次的连衣裙，可能是一时冲动买下的首饰，也可能是曾经十分珍爱，现在却稍显鸡肋的文玩摆件。在当前倡导循环经济和国民环保意识日益增强的社会背景下，这些东西不仅仅是物质的积累，更是女性们实现价值变现和创造额外收入的机会。

如今，利用二手物品变现已成为一种潮流趋势。通过出售不再需要的物品，既可以有效实现家居整理断舍离，也可以将家中的闲置资源转化为现金，实在是一举多得。

聪慧的女性朋友们，又怎能错过这些遗忘在角落里的宝藏呢？

萝萝对二次元充满了热情。从毕业到现在三年了，萝萝的工资几乎全用在购买手办和"谷子"上了。

最开始，萝萝只是购买一些自己喜欢的 IP，可是后来，她入的"圈子"越来越多，买回来的手办和"谷子"也越来越多。渐渐地，她的书桌、书架，甚至是衣柜里都放满了各种各样的手办。萝萝妈不止一次让她把这些"玩具"送人，但萝萝死活不肯答应。

萝萝捂着耳朵反驳道："这些可都是正版手办，怎么能送给别人呢！您可别背着我去送人情，我最便宜的那个手办也要一百多呢！像这款和那款都是'雕'，原价都上万了，我费了好大劲才抢到的！"

萝萝妈听不懂萝萝的那些行话，但她却听明白了价格："什么？我说你上班这么多年怎么一分钱都没攒下来，原来都买了这些玩意儿！以后再不许买了！你看看家里，到处都是你这些玩具，你赶紧把这些东西都给我处理了！"

其实，萝萝对二次元的热情早就消退了，但让她把手办送人，那是万万不可能的。与其送给别人，还不如在二手平台上低价卖给"同好"，起码"同好"们会知道这些东西的真正价值。萝萝立马把自己已经"退圈"的手办和"谷子"挂到了二手平台上，几乎每件手办都能卖到购入时一半的价格。

看到整洁的房间，以及迅速鼓起的钱包，萝萝不禁有些惊讶：没想到，自己竟然不知不觉间买了这么多东西——好在它们还能变现！

人们总会因为一时冲动或过分喜爱，在不经意间买入很多东西。当买入的东西没什么用，但又无法退掉时，将它们挂在二手平台上卖掉，显然要比将它们直接堆放在家里更划算。

用二手物品进行变现其实也很容易，在开始之前，你只需要对家中的物品进行一次全面的盘点，从衣服、鞋子、包包，到书籍、家电、装饰品，那些不再使用但状态良好的物品都是你进行变现的对象。

在选择完物品后，选择一个合适的销售平台也是至关重要的。目前，市面上有许多专门的二手交易平台，比如闲鱼、转转、eBay等，你可以根据自己的物品类型和目标客户群，来选择最适合自己实现变现的平台。选择好平台后，接下来要做的就是如何展现你的物品了。

成功的二手交易，往往离不开精心准备的物品信息。这包括清晰的物品照片、详细的描述、使用状况、购买渠道等。一个好的描述不仅能吸引买家的注意，还能增加买家的信任，提高交易成功率。

除此之外，定价是二手交易中的一大技巧。女性在定价时，需要考虑物品的原价、新旧程度、市场需求等因素，设置一个合理且有竞争力的价格。同时，也要为可能发生的谈判留出空间，灵活应对买家的还价。萝萝选择将手办卖给"同好"，就是因为"同好"对萝萝出售的物品价值有一个大概的了解，这也能尽量避免在交易过程中发生争执。

生活的质量并不取决于你购买了多少东西，消费了多少钱，而在于你购买和消费的东西，能否满足你的需要。

通过二手物品的循环利用，你不仅能将那些过度消费的物品进行变现，还能满足自己和他人的需求，减少浪费，实现资源的最大化利用。可见，变现你那些沉睡在角落里的"宝藏"不仅是一种经济行为，更是一种负责任的生活态度。

自洽心理学

不值得定律

不值得定律指的是不值得做的事情，就不值得做好，它揭示了个体对投入与产出、价值与成就感之间认知和情感反应的心理机制，强调了个体对活动或任务价值的主观评估如何影响其投入的努力、态度以及最终的满足感和成就感。当原本的物品对自己不再有价值，那不如将其循环变现，使其重新具有价值。

利用不值得定律，可以从以下三方面入手。第一，重新评估自己手中二手物品的价值，了解这些物品在二手市场上的需求和价值。第二，对于那些看似不再有用的物品，通过创意思考寻找它们的潜在用途或改造它们以增加物品的变现价值。第三，学会如何有效描述物品、定价以及与潜在买家沟通，确保能以最佳的价格变现。

第八章

快乐的幸福力与满足的仪式感

每一个不快乐的日子，都是对生命的辜负

诚如泰戈尔所言，每个人在生活中都会经历一些阴雨绵绵的日子。

在这些时刻，你或许会感到孤独，或许会感到失落，或许会感到无助。但生活的真谛并不在于如何逃避困境，而在于如何从困境中找到快乐，如何在不完美中寻求快乐。

生命是短暂而珍贵的，每一个不快乐的日子，都是对生命的一种辜负。

> 生活不是等待暴风雨过去，而是学会在雨中跳舞。
>
> ——泰戈尔

可生活中那些简单而纯粹的快乐，却往往会因为工作、学习或其他日常琐事而被忽略。这些快乐可能来自一次深入的对话，一场突如其来的旅行，或者仅仅是一个温暖的拥抱。但在职场的压力、人际关系的纠葛或是内心的迷茫下，这些快乐显得那样微不足道，极容易被忽略。

正因如此，你才要用一种更积极向上的态度，来向这个世界展示你的力量——一种"眼前多少难甘事，自古巾帼当自强"的蓬勃力量。

小 F 相貌平平，身材平平，性格温和。虽然没有出众的外貌为自己加分，但也没遭受过恶意对待。一切转变，都发生在她大三那年。因为宿舍重组，她认识了一个经管系的学姐。学姐聪明时尚，性格活泼，很受大家欢迎，在学姐的影响下，小 F 也开始做起外貌管理来。她开始跟学姐一起健身，也开始学着化妆，很快，小 F 就被贴上了"受欢迎"的标签。

开始获得瞩目后，小 F 的生活也起了波澜。面试时，一位男性 HR 放肆地看着小 F 的短裤，然后说道："女孩还是要保守一些，不要穿得这么暴露，容易造成不好的影响。"小 F 脸涨得通红，虽然她不知道大热天穿短裤究竟会有什么样的不良影响，但温柔的性格却让她忍了又忍，最终没有回怼那个面试官。之后，她每一次想穿短裤，都能想到那个面试官放肆的眼神和轻蔑的口气，这让她十分痛苦。

毕业季到了，大家都穿上美美的衣服拍照留念，只有小 F 穿着深色 T 恤配长裤。大家纷纷打趣小 F，小 F 只是笑笑没有说话。

是的，她妥协了。最终活在了那些人对女性的刻板印象中。

对小 F 这样的女性来说，生活中的挑战仿佛就是一场永无止境的暴风雨。

她在职场上追求卓越，在家庭中扮演多重角色，同时还要面对社会对女性的种种期望和偏见。在这样的压力下，每一天的不快乐似乎都成了必然。

在追求职业成功的道路上，女性经常面临着无形的障碍。在家庭生活中，她们也往往承担着更多的家庭责任和情感劳动。在社会文化层面上，她们则要承受人们对年龄、穿着、妆容、身份等刻板印象……女性需要在专业领域证明自己，同时也要承担家庭的责任，甚至还要回馈社会的期待。可是，哪有这么多生来就能面面俱到的女性呢？

就像西蒙娜·德·波伏娃在《第二性》中所说："人们将女人关闭在厨房里或者闺房内，却惊奇于她的视野有限；人们折断了她的翅膀，却哀叹她不会飞翔。但愿人们给她开放未来，她就再也不会被迫待在目前。"

你一定要学会抛开世俗套给自己的枷锁。这便是追逐快乐、不负韶华的第一步。

你的身份不应该被既定的角色或期望限制，而是应该通过自己的努力和选择来塑造。就像小F一样，即便在这样的暴风雨下，她仍然有两个能自己做主的选择：要么在雨中憔悴，要么在雨中跳舞。只是她选择了前者，用一份光芒万丈，换取了一份妥协。

如果你选择在雨中起舞，那就要在忙碌和责任中找到属于自己的快乐。而寻找快乐的方法有很多，你只需选择一个最适合自己的方式，来积极应对生活即可。

比如，你可以为自己划一个舒适区，在舒适区内过自己想要的生活。黑格尔曾说："世界精神太忙碌于现实，太驰骛于外界，而不遑回到内心，转回自身，以徜徉自怡于自己原有的家园中。"同样，你也需要在内心找到一片属于自己的天地，不管外界如何波动，都能保持内心的平静和快乐。注意，如果有人试图越过你的舒适区，做一些让你不开心的事情时，你一定要关闭大门，敲响警钟，不给任何人试图伤害你的可能。

除此之外，你还可以记录那些让你从心底里绽放笑容的活动。比如一次独自旅行，比如一次与朋友的深夜长谈，又或者在一个安静的午后，独自享受一本好书。"为了美好的明天，你需要在今天笑对生活。"这应该成为每个女性都铭记在心的生活哲理。

问题有时让你感到困扰，甚至失去了快乐生活的勇气和动力，但这些问题恰恰是一个让你重新审视自己生活方式、价值观念甚至是日常习惯的契机，即便你能够更好地寻求那些让你真正快乐和充实的事情。

当你不仅仅是等待暴风雨过去，而是开始在雨中翩翩起舞时，你的生活态度会随之改变，你周围的人也会惊叹于你的耀眼。诚如余秀华在《你没有看见我被遮蔽的部分》所说："需要多少人间灰尘才能掩盖住一个女子，血肉模糊却依然发出光芒的情意！"

愿你，也能成为这样一个快乐而明媚的女子。

自洽心理学

反刍思维

反刍思维指的是个体对某些思维内容的持续反复思考。这种思考往往集中在负面情绪或经验上，如过去的失败、担忧未来或自我批评。这种反复的心理活动会导致情绪困扰和心理压力，会使人难以从消极的思维模式中抽身，从而影响日常生活和情绪健康。

突破反刍思维，可以采用以下三种方法。第一，认知重构，识别和改变消极思维模式，减少反刍思维的频率和强度。第二，正念冥想，帮助个体在面对负面思维时保持觉察和客观。第三，转移注意力，减少沉浸在消极思维中的时间。

奖励自己！就是现在

生活有时就像坐过山车，充满了起起伏伏。

随着时代的发展，现代女性在社会地位提高的同时，肩上承担的责任也变得越来越重。过去，你或许只需要将家庭打理得井井有条，可现在，你不得不兼顾工作和家庭，让自己变成一个小小的陀螺，以便不被日新月异飞速发展的社会淘汰。

> 一个燕子一个暖日，决不能造成春天；一日或一短时，也不能使人变成幸福快乐的人。
>
> ——亚里士多德

在这样忙碌的日子里，你一定要给自己一点小小的奖励。因为世界很美好，而你很值得。

人们常常会忽视一个简单的真理，就像你总是忙于追求目标，忙于满足他人的期望，却常常忽略了最重要的人是自己一般。有人曾经说："为了快乐，最重要的是要决定自己的生活。"是的，你需要自己主动去寻找和创造快乐。而奖励自己，正是这个过程中的一个关键步骤。

快乐不是奢侈品，它不是只有在达成了某个伟大成就后才能享受的。亲爱的，不要再等什么"特殊"的时刻才奖励自己，每天都是一个新的机会，去笑，去战斗，去快乐。现在，就是那个特殊的时刻。

莎莉生了果果之后，就越来越觉得时间不够用。

生大儿子聪聪时，她还能忙里偷闲地刷会儿影视剧，可生完果果，她连仅剩的一点时间都贡献出去了。

白天，莎莉在职场奋斗，晚上回到家中，她又要给聪聪辅导功课，又要照顾才刚出生没多久的果果。好不容易熬到晚上10点，聪聪上床睡觉了，果果又开始哭闹，莎莉不得不又转头去哄果果。第二天，莎莉顶着黑眼圈打卡的时候，连同事们都给她竖大拇指："莎莉姐，你真厉害，带俩孩子还能第一个打卡。"

好不容易熬到下班，莎莉一开门就听到果果在哭。她跑到卧室一看，原来是果果刚喝完奶没有"拍嗝"吐了一地，老公正手忙脚乱地擦着。莎莉熟练地抱起果果开始哄，等老公擦完地板，果果也不再哭闹了。莎莉老公由衷地夸赞道："老婆真棒，要是这个家没有你在，早就过得鸡飞狗跳了！"

我现在就已经忙得鸡飞狗跳了。莎莉心里忍不住吐槽道。

不过，她虽然内心兵荒马乱，但表面上并没有说什么。

在追求成长和成功的过程中，不少女性都会忘记对自己进行关怀和奖励。

或许是因为忙碌，或许是为了活成别人眼中完美的样子，总之，很多女性一不小心，就活成了莎莉。可是，时间长了，大家的称赞早已不够填补内心的空虚，只有在对自己进行奖励时，莎莉才真正觉得世界是彩色的，自己也是彩色的。

余华老师在《活着》自序中写道："人是为活着本身而活着，而不是为了活着之外的任何事物所活着。"说到底，活着本身，就是它的意义。这种意义在于，感受四季的春风秋雨，体验世间的无常悲喜。任凭生活曾带给我们怎样的磋磨，我们能做的，就是始终相信人间值得，不辜负生活，不辜负岁月。

除了活着之外，你要做的还有很多。这些不只包括你的辛勤付出，也包括感受四季的春风秋雨，享受每一件让你感到快乐的事。也只有这样，才能意识到遇到的每一个人，经历的每一件事，都是来帮助我们成就自己的。所以，生而平凡的每一天，也都有了意义。

对于奖励这件小事，你首先要意识到，奖励自己并不是什么奢侈的事，更不是什么无关紧要的事。相反，它是一种自我关爱的表现，是对个人努力和成就的认可。可以采用各种形式奖励自己，重要的是找到那些能够真正给你带来快乐和满足感的事物。

首先，你可以创造出一点属于自己的时间，用这一点时间来奖励自己。无论是沐浴、阅读、冥想还是简单的散步都可以，这个时间完全由你自己掌控，暂时抛开工作和家庭的压力，相信能让你在繁忙之中获得一点满足。

其次，你可以尝试一些新的活动或爱好，比如参加一些烹饪的体验课，或者学习一门新的语言，甚至是尝试一次户外运动或健身房课程。用新鲜的体验来奖励自己，不仅能为你带来乐趣，还有助于开阔你的视野，帮助你增强信心。

最后，你可以给自己一些物质性的奖励，比如一顿美餐、一次购物体验或一次放松的按摩。这些奖励是对自己努力的肯定，也是一种生活的享受。

在奖励自己的过程中，你不仅是在庆祝生活的每一刻，也是在向自己的努力和承诺致敬。

记住，给自己奖励并不是奢侈，而是必要的自我关爱。

毕竟，每个人都值得拥有快乐。不是吗？

自治心理学

安慰剂效应

安慰剂效应指的是当个体因为相信某种治疗或药物有效而感受到实际的改善，即使治疗或药物本身并无实际治疗作用。这种效应体现了心理预期对身体和心理状态的强大影响力，证明了积极的信念和期望可以带来实际的健康益处。

利用安慰剂效应，可以采用以下三种方法。第一，设定并实现小目标，然后给自己以心理上的奖励。第二，想象自己在完成任务后获得奖励的场景，激发内在的积极情绪和动力。第三，制作一个"奖励箱"，在其中放入代表个人成就和自我鼓励的小物品，增强个体的成就感和满足感。

为每一个自己重视的瞬间，选择一个独特的仪式

"百余年前，日本有一个艺术家是精通茶道的，有一回去旅行，每到驿站必取出茶具，悠然地泡起茶来自喝。有人规劝他说，行旅中何必如此，他答得好，'行旅中难道不是生活吗？'"

这段话真是让重视生活品质的人，大呼有伯牙遇子期的知音之感。诚如日本艺术家所言，精致的生活习惯并非要等到节日庆典才有"用武之地"，平常的日子也能创造出特别的风景来。

> 乐观的人，在每一个忧患中，都能看到一个机会；而悲观的人，则在每个机会中，都看到某种忧患。
>
> ——巴特利特

现代生活的快节奏使人们越来越匆忙。虽说星光不问赶路人，但你若每天都在赶路，就很容易忽视那花丛中上下飞舞的蝴蝶，忽视那树丛中间悄悄打探人类世界的小动物。

仔细回想一下，你有多少本该丰富多彩的周末，却没能约三五好友湖边烧烤，或精心打扮一番去欣赏钢琴音乐会？生活的仪式感，其实就是让我们恢复到欣赏生活本来的样子。

"我们的欲望一直在做加法，头脑把事情弄得很复杂；而心灵需要的却很少很简单。"因为有了对生活的热爱，人们才能用最简

单的方式，过上最有品质的生活。

宣咛有一对鸡心核桃，这对核桃不知被她把玩了多少次，颜色已经渐渐变得比中式红漆家具还要红。捧在手里仔细摩挲，恍然有一种温润的玉石之感。

文玩界的老前辈们都羡慕宣咛，年纪轻轻，竟然能收来这么漂亮的一对鸡心核桃。可是，宣咛却坦白告诉大家，这对核桃并不是她收的，而是她亲自盘出来的。

老前辈们纷纷咋舌，这对核桃光泽这么好，怎么可能是一个小姑娘盘出来的？有些人向宣咛取经，宣咛也没有隐瞒，只回答了对方四个字："静静地玩。"

一句"静静地玩"道出了生活的真谛。

所谓生活要有仪式感，不就是如此吗？

不少朋友都有这样的误区：仪式感就是在烧钱。

比如，有些女性不理解仪式感有什么用，在她们看来，仪式感就像结婚，就算婚礼再隆重，还是有离婚的可能性。

但其实，仪式感并不在意"载体"。比如玫瑰是爱情的载体，但没有玫瑰，爱情依然是存在的。仪式感更多的是指一种品味和心理。

比如，不在意咖啡味道，只重视咖啡功效的人，通常会买一包速溶咖啡冲泡饮用，以求提神醒脑，但重视仪式感的人，则更加在意咖啡的 Bitterness（苦味）、Aroma（香味）和 Sour（酸味），她们会精挑细选各种风味的咖啡豆，或粗磨，或细碾，然后选择不同的水将咖啡煮好，再倒进精致的咖啡杯里慢慢品味。

这些过程虽然烦琐，但并不烧钱。毕竟，一些小众品牌的精致咖啡豆，在价格上并不比速溶咖啡贵多少。

又有人问了，追求仪式感算是浪费时间吗？其实也不算。因为这种过程看似烦琐，但实际上却是一个静心的过程，在咖啡香味的萦绕下，你的心情也会逐渐变得愉悦。让你愉悦，就是仪式感的一大功效。

从心理上看，其实仪式感更像一个按钮，可以为每一个你所重视的瞬间增添一丝乐趣。比如，第二天早上出发上班，如果你能早点起床洗漱装扮，然后穿上一身干练的职业装出发，这就等于按下了"即将工作"的按钮，让你尽早进入工作状态。而睡过头匆匆忙忙踩点上班的人，不但无法享受一个明媚的清晨，还要花费一些时间进入工作状态，这就是仪式感带来的差距。

那么，要想给生活增添一点仪式感，都需要做出哪些努力呢？

第一，适当放下手机和电脑。

你的手机和电脑中可能安装了太多浪费时间的软件，这些软件占用了你大量碎片时间，让你无暇顾及其他事情。要过上有仪式感的生活，首先要学会挤出时间。

第二，延长享受生活的时间。

如果你是个喜欢泡澡，喜欢喷洒香水，或者喜欢侍弄花草的女性，那么，你不妨延长自己做这些事情的时间，这种愉悦感也能强化生活的美好，让你那紧绷着的神经舒缓下来。

其实，生活的仪式感真的没有那么难寻。也许，它就是你夹在书页里的那片枫叶，也许就是木头玩具枪上刻着的那颗红星，也许就是今年麦田达到了最好的收成。

这些美好的仪式意味着你没有被世俗的目光"绑架"，意味着你没有陷入欲望的泥淖中无法自拔，也意味着你的心灵自在且悠游。

总有那么一瞬间，你的心灵会被生活里小小的仪式感深深触动。或许是因为一段文字的魅力，或许是因为一首乐曲的叮铃，又或许只是因为那天的阳光正好。

自洽心理学

视网膜效应

视网膜效应指的是当个体拥有某种特征或物品时，他们倾向于在他人身上寻找相似之处。这种效应体现了自我感知对社交认知的影响：我们通常会更多地注意与自己相似的特质，即个体倾向于寻找和强调与自己相似之处，从而在他人身上看到自己的映射。

要利用视网膜效应，可以采用以下三种方法。第一，加强对自身优势的认识和欣赏。第二，将自我欣赏的态度扩展到对他人的看法，主动寻找并赞赏他人的优点。第三，通过写日记或反思，定期回顾自己的长处和成就，加深自我肯定的感觉。

真正有品质的生活，并不需要多花钱

罗曼·罗兰曾说，"世界上只有一种真正的英雄主义，那就是认清了生活的真相后，却还依然热爱它。"

热爱生活，就能把诗情画意揉进柴米油盐里，将原本烦琐枯燥的生活，描绘成你喜欢的模样。有了热爱、热忱和热情，你不必需要锦衣玉食，也能在方寸之间感受生活的品质。

真正有品质的生活，原本就不关乎物品的昂贵或体验的奢华，它的真谛，在于你如何利用那些你所拥有的东西，来创造取悦自己的幸福。

诚如萧伯纳所言："金钱可以疗饥，但不能疗苦恼，食物可以满足食欲，但不能满足心灵的需求。"生活中的一些小事情——比如沐浴在阳光下、漫步在公园里、俯身轻嗅甜美的花香，都能为你带来片刻的欢乐。而这些欢乐，都是不需要花费金钱就能获得满足的。

> 人生中最美好的东西是不要钱的。
>
> ——克利福德·奥德茨

就拿时尚来说，曾几何时，"人靠衣装，佛靠金装"的观念风靡时尚圈，甚至一些时尚达人都曾表示"每个女人的衣橱里都应该有一件奢侈品"。可是，所谓的"大牌""奢侈品"却并不是时尚圈的唯一标志。

"轻预算"，同样可以很时尚。

即便是一件随处可见的快消品，但只要你的审美眼光足够独特，你足够自信，那也可以穿搭得很"有范儿"。你只是花了几十元甚至几百元，就能让自己显得足够优雅知性，抑或活泼俏皮。你需要的，只是一点重新发现简单乐趣的心情。

卷卷是朋友公认的大厨，她不仅上得厅堂，而且下得厨房。尝过卷卷的菜，谁都要盛赞一句"比饭店做得还好吃"。卷卷也乐得被大家夸奖，毕竟她是真的喜欢做饭，做饭时可以想吃什么就做什么，还能将餐具和摆盘做成自己喜欢的模样，何乐而不为呢？

在所有人里，阿赫是最赞成卷卷做饭的人——因为他是卷卷的男朋友。

早在卷卷跟阿赫谈恋爱之初，卷卷的闺密就告诉她："如果你表现出自己能做饭，那以后所有做饭的工作都是由你来做了。"

卷卷当然知道，闺密是为了她好，可是，走进厨房挥舞锅铲原本就是卷卷的兴趣，将自己亲手做的饭菜拍照，然后再发到朋友圈，何尝不是一种岁月静好的表现呢？这种方式不仅让阿赫欣喜，而且能够取悦自己，何乐而不为呢？

卷卷把刚烤好的苹果猪排做了摆盘装饰，又将可乐倒进漂亮的透明冰川杯中。"咔嚓"一张照片，被卷卷和阿赫发在了朋友圈里。

谁说一定要在五星级酒店吃苹果猪排，才算是高品质的生活呢？

真正有品质的生活并不在于你花了多少钱，而在于你如何利用和欣赏你所拥有的。在这个消费主义盛行的时代，许多人误以为花更多的钱就能获得更好的生活质量。可是，真正的高品质生活，其实源于更深层次的满足——那些不需要花很多钱就能达到的满足。

如果你想如卷卷一般，用很少的预算过高品质的生活，其实也是件很简单的事情。

从衣着方面看，如果你本身不是一个懂得克制消费欲望的人，那可以将自己的购买欲转化为选择欲。比如在反季的时候，为自己提前精挑细选一身漂亮的服装。不过，在你决定买下这件衣服之前，一定要看清楚衣服的款式。哪怕是第一眼看上去非常有眼缘的衣物，也要记得权衡它的质量，比如面料、质地和做工等。然后在货比三家、权衡价格之后，再出手购买。反季的衣物原本就更加便宜，在你的精挑细选下，相信这件衣物也会比你之前冲动买下的应季衣物合适许多。

从饮食方面看，外卖虽然能带给你无限便利，也能满足你的口腹之欲，但对你的健康和钱包来说，却不是一个很好的选择。如果实在没有心思或没有条件自己做饭，你也可以在外卖的选择上下一些功夫，比如选择附近那些有实体店的店铺，或者性价比更高的店铺，避免花钱买来"不健康"的情况发生。

　　真正有品质的生活，其实并不在于拥有名牌手袋或是经常去五星级的度假胜地。只要你用心，即使是最简单的生活体验也能变得丰富多彩。所以，亲爱的，一定要记住，真正的幸福和满足往往来自你的内心，而不是你的钱包。

自洽心理学

口红效应

　　口红效应指的是在经济衰退或不确定的经济环境中，人们会减少对高价商品的消费，而增加对相对低价、奢侈性小商品的购买，如口红等。其实，不管经济是否处于衰退阶段，我们都可以利用并不多的金钱，过上有品质的生活。

　　要利用口红效应，可以采用以下三种方法。第一，注重小确幸，享受那些不需要花费太多金钱就能获得的幸福时刻。第二，用小技能提高生活品质，学习一些基本的美妆技巧，用一支平价口红创造出多种妆效，或者通过简单的家居装饰小改动，让居住环境更加温馨舒适。第三，投资于自己的成长和发展，进而为我们的个人成长和生活品质带来积极的影响。

心有欢喜，方能万事可期

你有没有感觉到，当你心中充满喜悦时，整个世界都变得不同了？

当你内心充满积极和快乐的情绪时，看待世界的视角也会发生改变，你会觉得一切都充满了生机和希望。在这样欢喜的气氛下，你的运势也会变得不可阻挡，接下来你便会事事顺心，件件如意。

是的，心态对生活有着很大的影响力。一个乐观的态度，能让你在面对生活中的困难和挑战时，展现出无比的韧性和优雅。

心有欢喜，生活中的每一步都将充满期待和可能。

想想看，那些让你笑得最开心的时刻，往往不是因为发生了什么大事，而是因为一些小小的快乐，比如孩子的一个拥抱、朋友的一个玩笑，或者看了一个有趣的视频，或者看着和美的家庭，突然从心底里感受到的幸福。就像海伦·凯勒所说的："最美好的事物无法看见也无法触摸，人们必须用心去感受。"

> 真正的生活是思想和心灵的生活。
>
> ——车尔尼雪夫斯

所以，你不需要等待什么特别的时刻才让自己快乐，因为快乐就在你的日常生活中，就在你对生活的态度中。你应该学会"拥抱自己的故事"，不管这个故事多么平凡。

穗星第一次被惊艳，是她无意中刷到了一个视频。视频里，一个主播穿着汉服飘飘若仙，她将山间生活过成了一首诗。

彼时，穗星正因为设计大赛失利而终日低落。初战时，评委委婉地告诉她，她没有设计天赋，她设计的杯子不过是照本宣科，循规蹈矩，但因为穗星的作品完成度很高，他们愿意再给她一次机会。第二轮时，穗星绞尽脑汁，设计了一款龙卷风的餐具，却再一次被评委批评没有内涵，并且直接淘汰了她。

之后，穗星也对自己产生了怀疑，并且过了一段消沉的时光，直到看见了那个主播的视频。那山间夜晚的繁星满天，如泼落在深蓝色天鹅绒缎上的点点碎钻，夜风习习，饱满的稻穗随风摇曳，显得如此静谧，如此美好。

一股欢喜在穗星心底升腾，她突然有了灵感，然后冲到工作室画了起来。不久后，一款名叫"穗星杯"的概念在设计界引起了轰动，当时批评穗星的评委也话锋一转，纷纷开始夸赞这份精妙的设计。

从这之后，那个消沉的穗星一去不返。

重新活跃在大家眼中的，是一位散发着自信魅力的设计师穗星。

中国有一句老话，叫"福兮，祸之所倚；祸兮，福之所伏"。

世界就像你内心投射的一面镜子，虽然它是客观存在的，但你却可以选择自己应对它的方法。当你的内心有了欢喜，你的世界也会变得不同。生活中的每一天都会变得有意义，每一步都充满了期待。

穗星最终从平凡的日常中找到了快乐的点滴，她终于发现，原来一点小欢喜，也能让自己从内心深处感到满足。收获满足之后，穗星开始产生灵感，对生活的态度开始变得积极，内心也获得了平和，人也开始散发自信的魅力。

快乐和满足感源于内心，正如赛琪·科恩所言："没有人可以让你感到自卑，除非得到了你的许可。"那么，你如何让自己内心满是欢喜，让世界充满不可复制的美好呢？

第一，你要学会用心感受生活。生活中总会有起起伏伏，但关键在于你如何应对。当你学会用积极的心态去面对生活中的挑战时，就等同于跟这个世界和解，你也将看到更多的解决之道和快乐之道。

第二，你要学会享受当下的美好。人们经常忙于规划未来，或者沉湎于过去，却忽略了当下的美好。生活在当下，你才能更好地感受生活。无论是工作中的小成就，还是与家人共度的温馨时光，都值得你反复欣赏、反复欢喜。

第三，你要学会创造生活中的小欢喜。你相信什么，你就活在什么样的世界里。当你在生活中寻找乐观和积极的方面时，就会发现生活充满了值得感激和珍惜的瞬间。在这样的生活中，为自己冲一杯香浓的咖啡，主动去找有空的好友聊聊天，都能让你找到生活中的欢喜，让你的心灵充满欢愉。

或许，你的生活被各种角色和责任填满，有时候，你甚至忘记了该如何让自己的心灵保持愉悦和充满阳光，毕竟"一个能够升起月亮的身体，必然驮住了无数次日落"。你一定要记住，只有拥有欢喜，方能万事可期。

你走的每一步，都是一个崭新的起点，这一个个起点连接成你人生的轨迹。所以，不要害怕开始，因为只有经历过开始，才能发生飞跃的嬗变，才能开出耀眼的鲜花。当然，也不要畏惧结束，因为所有的结局，都会通往另一个崭新的开端。

人生如圆，终点亦是起点。不奢望，不妄求，因为所有人都是你生命中的过客，而能够主宰你的，永远只有你自己。

自洽心理学

皮格马利翁效应

皮格马利翁效应，也被称罗森塔尔效应，当我们对某人持有某种期望时，这种期望往往会影响我们的行为，并可能导致这个人真的表现出我们预期的行为或特征。这一效应说明，预期和信念可以极大地影响他人的行为和成就。

利用皮格马利翁效应，可以采用以下几种方法。第一，树立积极的自我期望，激励自己朝着更高的目标努力。第二，保持对他们的正面期望，鼓励他们展现出更好的自己。第三，创建一个积极的环境，促进个人和团队的积极成长。